南水北调配套工程
PCCP 管耐久性分析与安全性评价

李锋 著

中国水利水电出版社
www.waterpub.com.cn
·北京·

内 容 提 要

本书针对预应力钢筒混凝土管（PCCP）在水利工程项目施工及运行方面的现状和发展趋势，结合现代水利工程项目运行管理的最新理念，全面介绍了PCCP管道在运行过程中的耐久性及安全性分析评价方法，探索将复杂系统理论应用于PCCP管道的风险分析过程中。

本书对PCCP管道工程运行期耐久性分析理论、安全评价方法和风险评估机制的探讨具有重要的理论意义、现实意义和应用价值，相关的分析方法和评估机制可以为相关主管部门、企事业单位提供决策支持，同时也可供水利项目评价、工程项目评价、风险管理等相关从业人员，相关领域研究人员，以及高等院校相关专业师生学习参考。

图书在版编目（CIP）数据

南水北调配套工程PCCP管耐久性分析与安全性评价 /
李锋著. -- 北京：中国水利水电出版社，2021.8
ISBN 978-7-5170-9794-5

Ⅰ. ①南… Ⅱ. ①李… Ⅲ. ①南水北调－预应力混凝
土管－钢筋混凝土管－耐用性－性能分析②南水北调－预
应力混凝土管－钢筋混凝土管－安全评价 Ⅳ. ①TV672

中国版本图书馆CIP数据核字(2021)第148143号

书　　名	南水北调配套工程 **PCCP 管耐久性分析与安全性评价** NANSHUIBEIDIAO PEITAO GONGCHENG PCCP GUAN NAIJIUXING FENXI YU ANQUANXING PINGJIA	
作　　者	李　锋　著	
出版发行	中国水利水电出版社 （北京市海淀区玉渊潭南路1号D座　100038） 网址：www. waterpub. com. cn E-mail：sales@waterpub. com. cn 电话：(010) 68367658（营销中心）	
经　　售	北京科水图书销售中心（零售） 电话：(010) 88383994、63202643、68545874 全国各地新华书店和相关出版物销售网点	
排　　版	中国水利水电出版社微机排版中心	
印　　刷	清淞永业（天津）印刷有限公司	
规　　格	184mm×260mm　16开本　9印张　213千字	
版　　次	2021年8月第1版　2021年8月第1次印刷	
印　　数	0001—1000册	
定　　价	**68.00**元	

前 言

预应力钢筒混凝土管（PCCP）于 18 世纪中期在西方工程界诞生，因其自身材料的优越性，被广泛应用于市政、电力、水利等各个工程领域。目前，与人们生活息息相关的城市生命线工程以及大型水利工程如南水北调工程等都使用了预应力钢筒混凝土管。

预应力钢筒混凝土管（PCCP）一般是由四五种性质差异较大的材料复合而成，管体力学特性较为复杂，因此其承载机理很难被完全地认识和掌握，该问题的出现一部分是因为生产和安装环节中的瑕疵，但更主要的是由于使用者在设计之初没有对管道的正常工作条件和受损条件下材料继续承载性能有一个充分的认识，也没有对管体真实的受力过程和承载机理进行比较全面的分析。

南水北调中线工程中所用的 PCCP 管道最大直径已达到 4m，随着直径的加大，对管道技术方面的要求也就有了提高。因此，紧密结合南水北调生命线工程，针对南水北调配套工程中 PCCP 管道运行期耐久性和安全性进行分析评价研究，具有重要的现实意义。在此背景下本书展开论述，主要针对管道的裂缝开展机理、裂缝管的预应力损失状况、管道抗震分析等进行研究并得出结论，旨在为对工程实际提出指导性建议。

本书在对国内外的相关资料及研究成果系统学习的基础上，分析并总结了 PCCP 管道运行期安全风险分析研究领域中相关理论和评价方法的研究进展及不足，针对目前该领域存在的一些急需解决的问题进行了研究，主要内容如下：

（1）查阅资料，总结了 PCCP 管道在国内外的实践状况和发展趋势。对于 PCCP 管道的结构计算方法和设计原理进行了介绍，结合实际工程取得其应力、应变结果，以此分析裂缝的开展状况。

（2）建立 PCCP 管道的三维有限元模型，在工作荷载、内压组合及瞬时荷载三类荷载的组合作用下，对模型进行静力分析，得出管道各层各部位的应力结果，并以此结果来分析裂缝开展部位以及开展状况，与工程实际相印证。

（3）基于三维有限元模型，针对三种不同人工边界条件（简单边界、黏性边界、等效黏弹性边界）对结构地震响应的影响结果进行分析，从不同场地、地震波的特性（入射角、位移峰值和加速峰值）以及 PCCP 管道埋设深度和管道厚度等方面进行模拟计算。结果表明，不均匀场地中埋设的地下管段的地震响应大于均匀场地中埋设的地下管段的地震响应，并且场地越不均匀，管道的地震响应管线的动应力越大。管道的动应力随着地震波入射角的增大而减小，管道的动应力主要取决于地震波的位移大小，地震波的位移峰值改变时，管的最大轴向应力和最大弯曲应力的数值随着位移数值的增大而增大，呈现线性变化规律，并且轴向应力变化幅度比弯曲应力大。地震波加速度峰值的变化对结构动应力几乎不产生影响。随着埋深的变化，结构的动应力几乎不变，即结构的动应力与管道埋深关系不大；但当管壁厚度发生变化时，管道的最大轴向应力会随着管壁厚度的增加而减小。

（4）在运行期安全评价方面，本书依据所搜集的相关信息和历史资料，采用归纳总结法和历史统计法相结合的方法，进一步分析了影响风险因素发生的事件，通过理清线索，对风险进行分类，进而构建了 PCCP 长输管道安全评价指标体系。将模糊评价法和网络分析法进行结合，运用了模糊网络分析法进行安全评价。在 PCCP 管道安全运行风险评价指标构建上，从风险概念、风险识别、风险评价三方面，层层深入，运用网络分析法（ANP）构建了风险评价模型，在确定权重的基础上得到模糊矩阵。在 SD 软件中构造网络模型，并赋权重，最终得到模糊矩阵，使计算结果更简便准确。

综合以上，本书开展的 PCCP 管道耐久性分析及安全性评价研究，无论是对完善南水北调中线配套工程 PCCP 管道运行期耐久性分析，还是对丰富社会系统理论及风险管理理论等都有重要的理论意义和现实意义。本书的理论分析框架、研究方法和研究结论，对其他相关工程的安全评估实践也有重要的借鉴意义，为相关部门的决策和研究工作者提供了依据和参考。

本书有限元分析、地震响应分析及安全评价部分章节的计算得到了华北水利水电大学吴泽玉、何卓飞、张瑞君、王倩梦等同志的大力帮助，在此表示深深的感谢！

由于时间、精力和研究内容的局限性，本书还存在许多不足之处，需要在今后的研究工作中进一步展开，深望广大读者同行指正。

作者
2020 年 8 月于郑州

目 录

第 1 章

绪 论

预应力钢筒混凝土管（Prestressed Concrete Cylinder Pipe，PCCP）是目前世界范围内使用最为广泛的混凝土管材，最早出现和应用于欧美国家。PCCP 因优于其他管道的结构特点和工作性能，在半个世纪内被认可并大量使用，并被广泛推广应用于市政、电力、水利等工程项目中。我国自 20 世纪 80 年代开始引进 PCCP 并使用至今，应用效果普遍较好，但是由于国内关于 PCCP 研究时间较短，还没有相关的国家标准或系统的行业标准指导管道生产、施工、验收及运行，大多数工程只能参照美国 AWWA 系列标准设计与生产，而 AWWA 标准产生和制定的环境与中国的实际情况是有一定差异的，2005 年我国才颁布了《预应力钢筒混凝土管》（GB/T 19685—2005）等一系列的国家及行业标准，经过 20 多年的发展，已初步形成了自身一套从设计到施工的规范和体系。

1.1 PCCP 的结构及特点

1.1.1 PCCP 的定义和分类

PCCP 是一种由钢板经过钢筒成型、预应力钢丝通过预应力控制技术的施加、混凝土经过内外浇筑和水泥砂浆保护层喷射等四种材料经过多种制造工艺加工而成的新型复合型管材。其中预应力钢丝提供均匀的预应压力，钢筒起到抗渗作用，砂浆保护层保护预应力钢丝使其免受物理损失及外部腐蚀。在制作时，钢筒可以放在混凝土的不同位置，根据钢筒的位置不同，PCCP 可以分为两种不同的类型。

（1）内衬式预应力钢筒混凝土管（LCP），先在钢筒内部浇筑混凝土形成管芯，钢筒外缠绕预应力钢丝，再喷涂砂浆保护层，构造如图 1.1 所示。

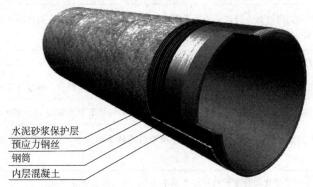

水泥砂浆保护层
预应力钢丝
钢筒
内层混凝土

图 1.1 内衬式预应力钢筒混凝土管构造图

（2）埋置式预应力钢筒混凝土管（ECP），先将钢筒埋置在混凝土内部，然后再在混凝土的管外直接缠绕预应力钢丝，最后喷涂砂浆保护层，构造如图 1.2 所示。

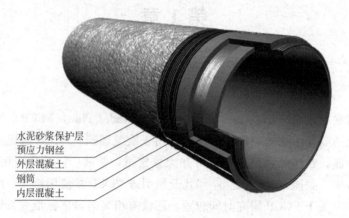

水泥砂浆保护层
预应力钢丝
外层混凝土
钢筒
内层混凝土

图 1.2　埋置式预应力钢筒混凝土管构造图

1.1.2　PCCP 的优点

通过与其他输水管道进行比较，可以得知 PCCP 管道在某些方面有着很突出的优点。其主要性能优势见表 1.1。

表 1.1　　　　　　　　　　　　PCCP 管 道 性 能 特 点

特　点	说　　明
承压能力强	根据公称内径、工作压力、外荷载、覆土深度和当地气候等工况，可合理计算出管芯、壁厚、预应力钢丝缠绕的螺距和层数，以达到高压和深覆土的作用
抗渗性能强	管体：混凝土管芯中的钢筒，起到抗渗作用。 接头：接头采用承插式橡胶圈滑动柔性密封
耐久能力好	混凝土的耐腐蚀性随年岁的增长而增强，同时为钢材表面提供高碱环境，发生钝化时可提高耐腐蚀能力
通水性能好	管芯混凝土成型工艺使混凝土形成非常光滑的表面，管内水流好，水摩擦阻力小，在使用中不会结垢
抗震能力强	PCCP 虽为刚性管，但接头采用承插式橡胶圈柔性接口，其接头能转动一定角度，抵抗不均匀沉降能力强
管配件齐全	异形件和配件齐全。如：斜口管、T 形管、Y 形管、十字形四通管、弯管
地质适应广	适用于软土地基、膨胀土壤和水下运行等特殊要求的地质条件，给设计单位提供了便利
安装速度快	接头快，回填土无要求。以 DN300mm 管为例，每根管材安装需 10～15min
能运行开孔	PCCP 管线可以在不停水的情况下，用专门的技术和设备，能够带压开孔，以解决新增支线的需要
运行费用低	与其他管材相比运行维护费用低，基本为 0，综合社会效益好

1.2 PCCP 的发展过程及工程实例

1.2.1 PCCP 的发展过程

PCCP 是世界上目前使用最为广泛的大口径、高工压优质复合型管材，最早诞生于 20 世纪中叶，首先在北美地区得到广泛应用，主要被应用于市政、电力、水利等众多工程项目之中[1]。因其自身结构特点和工作特性方面的优势，PCCP 很快被推广到世界其他地区，应用于各种输水、供水工程之中[2,3]。

PCCP 在国外已经有将近 70 多年的历史[4]，1939 年，邦纳公司第一次制造出了 PCCP，并将其铺设在了巴黎的郊区。自 1942 年开始，美国也开始研究生产 PCCP，刚开始只是生产内径为 0.4～1.2m 的内衬式预应力钢筒混凝土管（LCP），1952 年美国开始制造埋置式预应力钢筒混凝土管（ECP）。1992 年，美国国家标准研究所和供水协会联合颁布了预应力钢筒混凝土管设计标准 ANSI/AWWAC304—92，几经修订，形成了现在通用的 1999 年版的 ANSI/AWWAC304—99 规范。到目前为止，美国已成为世界上生产和使用 PCCP 最多的国家，大城市供水工程 PCCP 的使用率达 89%，最大管径达 7600mm，最大内压达 4MPa，从管材的设计、制造、检测到运输、安装、使用等都已经实现了标准化。

在我国，PCCP 是在引荐美国先进的生产技术和关键设备的基础上发展起来的，为了满足适应水利引水工程和大型火电厂建设的需要，1985 年水电部成立了大管组，探索大管径预应力钢筒混凝土管的生产技术。1986 年 7 月，水电部组团赴德国、美国进行了考察，考察了美国的两家混凝土管道公司阿美隆（Ameron）和 Price Brother、德国最大的混凝土管道公司 Dywidag，并对 PCCP 的科研、设计、制管厂、设备制造厂、施工安装工地、核电站等进行了实地考察和技术座谈，这次考察团队了解和收集了大量国外的预应力钢筒混凝土管的生产技术和参考资料，并进行了一些试验研究工作[5-11]。但由于起步较晚，经验相对缺乏，还有很多问题亟待解决[12,13]。1984 年，我国制造了第一个 DN600mm 的 LCP，并在工程中成功试用。1985 年，江苏省南京市水泥管场与北京市政工程研究所合作，利用自应力混凝土，试验并制造出了口径 DN600mm 和口径 DN1200mm 的 LCP，并分别用于福建省建阳水电站和南京市供水管线上。1989 年，山东电力管道工程公司引进了美国 Ameron 公司部分 PCCP 生产的关键设备——钢筒卷焊机、承、插口生产设备、专用管模等，在结合国家电力公司杭州机械设计研究所配套研制的立式差速绕丝机和立式辊射喷浆机的基础上，建成了我国第一条设备完善、工艺先进的大口径 PCCP 生产线。在近 20 年的发展历程中，PCCP 已经广泛应用于我国的电力、水利、市政给排水等各个领域。截至 2006 年年底，累计生产 DN600～DN4000mmPCCP 总长超过 3700km[14]。

1.2.2 国内 PCCP 的工程实践

随着我国国民经济的快速发展，城市化进程的快速发展对管材的需求量日益增多，与其他管道相比，由于 PCCP 具有优良的性能以及适用于铺设、高工压、大口径、长距离的优点，因此深受设计部门、生产企业和使用部门的喜爱，PCCP 的工程应用呈现出了快速发展的态势[15,16]，在国家重点、特大型工程中得到广泛应用。比较有代表性的是山西省万家寨引黄工程，该工程从山西省太原市汾河水库至呼延水厂，连接段总长度为 43.2km，单节管道长为 5m，内径为 3m，最大内水压力 1.0MPa，最大覆土厚度为 8m，最大管壁厚为 270mm，单节管道重为 27～35t，各项指标均为当时国内之最，工程于 2002 年 10 月 18 日建成通水，至今运行良好；新疆引额（额尔齐斯河）济乌（乌鲁木齐）10km 的大倒虹使用的 PCCP 管径为 2.6m，其长度约 9.5km，该工程地理位置特殊，气候和施工条件恶劣，是我国综合难度系数最高的 PCCP 工程。随着 PCCP 的大力发展与推广，国家大型基础工程的开工建设更为 PCCP 的发展提供了广阔的应用舞台。举世瞩目的南水北调中线京石段应急供水工程总长度 55km，使用 PCCP 铺设，最大口径达 4m，工作压力为 0.6～1.0MPa，覆土深度为 3～10.5m。该工程已于 2008 年完工，现已通水使用。在市政排水方面，规模最大的是上海市污水治理二期工程，在滨海软土地基上成功地置了直径 3.6m，单根长 6.0m、总长 3.91km 型 PCCP 管道。同时，国内几个大的 PCCP 公司生产的 PCCP 不仅满足了国内工程，还出口到毛里求斯、越南、新加坡等国家。

1.3 研究目的及意义

预应力钢筒混凝土管一般是由四五种性质差异较大的材料复合组合而成的，管体力学特性较为复杂，因此其承载机理很难被完全地认识和掌握，该问题的出现一部分是因为生产和安装环节中的瑕疵，但更主要的是由于使用者在设计之初没有对管道的正常工作条件和受损条件下材料继续承载性能有一个充分的认识，也没有对管体真实的受力过程和承载机理进行比较全面的分析。

由于我国 PCCP 的发展起步较晚，研究也不深入，大多数的工程设计与生产完全按照美国的 AWWA，而 AWWA 标准是基于选用优质原材料条件下的设定，与中国的实际情况并不相符，照搬的结果可能会导致管道制造质量水平参差不齐，为工程项目埋下隐患。

我国是一个地震多发国家，拥有极其广泛的地震区域，并且大部分地区为地震设防区。地震烈度分布资料显示，在我国所有城市当中，位于地震基本设防烈度为 7 度及 7 度以上地区的占了总数的一半以上。人口总数在百万以上的特大城市中在设防烈度为 7 度及 7 度以上地区超 4/5。京津冀地区，西安等这些大城市均处在地震烈度为 8 度的高烈度地震区。单单 20 世纪以来，发生的多次地震给我国造成了极其严重的财产损失和人员伤亡。目前地震自然灾害的发生情势，在很大程度上促进了我国各类工程界抗震研究的发展，因此重视对于结构物的抗震分析研究，有利于保证人民人身财产安全和社会经济运行，这都使得抗震分析显得尤为重要。

地震又是一种常见的自然灾害，因其自身所具有的特点，例如极强的破坏性和其无法避免性，使得对其研究比较困难。我们都了解在地震作用下地上建筑物的破坏形式。这类建筑物的抗震研究很早就被人们所开展，相应的研究手段以及研究成果也已经处于成熟和稳定阶段，全球各个国家针对地上建筑物都有相应的抗震设计规范。然而对于 PCCP 等管道工程作为地下的结构物在地震作用下其破坏形式及危害性的研究少之又少。对于地下结构物最突出的生命线工程在其抗震问题的研究中却没有行之有效的设计规范，针对此类结构在市政工程如地下埋设的管线以及地下各类公共设施包括隧道工程等的抗震研究不深入也不全面。出现这些问题的原因一方面是由于人们总是认为在地震作用下，地下的结构物由于周边存在相应的地基土体等挤压包裹物，它们的抗震性能肯定要好，另一方面由于地震波在地下传播时会出现折射、反射，传播方向不定，正是其变幻多端的特性使得抗震研究的道路变得艰难险阻，导致当下地下管道的抗震研究进展缓慢，相应文献寥寥无几。然而，对于大多数地下结构来说，它们尺寸大，且地理位置差，因而必须埋设在一些不规则的松散、软弱的地基中，当地震荷载来临时，这类建筑物又极易遭到破坏。再者，PCCP管道埋设在地面之下，当其遭受破坏后不容易被发现和修复，这样就会使得结构物遭受重大的地震次生灾害。因此现阶段对于地下建筑物的抗震研究至关重要。

目前，我国南水北调中线工程中所用的PCCP管道最大直径已达到4m，随着直径的加大，对管道技术方面的要求也就有了提高。因此，紧密结合南水北调生命线工程，针对南水北调配套工程中关键技术和安全性评价进行分析研究，具有重要的工程现实意义。在此背景下本书展开论述，主要针对管道的裂缝开展机理、裂缝管的预应力损失状况开展、地下埋管的抗震性能分析等进行研究，并对PCCP运行期管道的风险进行评价得出结论，旨在为工程实际提出指导性建议。

1.4 国内外研究现状

1.4.1 研究热点与发展趋势

目前造成PCCP质量事故和影响PCCP结构安全的主要因素有两个：钢丝和混凝土。保护层混凝土由于外部因素作用而破坏，会直接导致钢丝材料强度发生变化，严重降低由其施加的预应力效应。因此，根据PCCP管道所处场地条件，合理选用混凝土的类型，提高保护层的耐久性。PCCP管道的承载机理主要是把预应力钢丝的高抗拉强度和混凝土的高抗压强度相结合，一旦管芯混凝土出现了裂缝，就会导致渗水和腐蚀介质的侵入，管道寿命将急剧降低；当高强预应力钢丝因为外界环境影响而发生松弛甚至断裂时，管道就有破坏的风险[17]。

此外，由于PCCP管道的野外放置会造成预应力钢丝的松弛，也将使PCCP管道受力状况发生改变，从而影响PCCP管道的安全运行。研究发现，管道的整体力学性能同时还会受到内外层混凝土的徐变、干缩等效应以及预应力钢丝应力损失等的影响。针对以上问题，通常采用的技术路线是工程试验和理论研究相结合的方式。

试验是研究结构性能的主要手段，根据不同的研究目的，可以把PCCP管道的试验分为以下三类：受载性能检测、运行检测和管道腐蚀检测[18]。压力性能试验是研究受载性能的主要方法，根据试验方法的不同可分为内部压力测试试验和外部压力裂纹试验两类；根据试验目的的不同，又可以分为结构检测和研究目的两类[19]。这一领域的研究重点是集中外部载荷作用下PCCP管道的裂缝反应，即研究管道损坏现象。除了通过实验研究管道受载性能外，还研究了PCCP管道的腐蚀破坏。这方面的研究重点是外部腐蚀性介质，也是管道问题的焦点，从属于管道破坏因素的研究。在受载和腐蚀损坏风险同时存在的条件下，工程师通常使用各种非破坏性测试方法进行管道的监测，包括监测电势、极性波检测等[20]。这类技术主要应用于钢管、承插口等来发射和接收信号，依靠先进的监控设备来监控全线管道，以便获得各种监控数据来评估整个管道的工作状态，以防止意外事故及提供修复方案的依据。从研究的角度来看，主要包括砂浆保护层剥蚀破坏试验研究、钢丝应力腐蚀后的力学性能试验研究、PCCP 管道受载响应规律研究、如管芯混凝土的开裂、钢筒屈服和管道承载能力[21-23]。

结构计算方法是根据结构力学的思想来展开计算分析，首先计算外荷载，其次求解内力的分布，最后得到应力应变场。该方法包括 PCCP 管道极限设计方法和分层模型计算法，后者常用于分析管道的荷载响应。对 PCCP 管道的研究数值分析方法仍然处于早期发展阶段，国外的数值分析集中在预应力损失下的承载能力研究，目的是为管道安全评价以及风险评估提供参考，而国内 PCCP 管道的数值模拟研究还处于起步阶段，主要采用建立有限元模型，模拟施工以及工作下的各种荷载状况，给出相应的应力应变分布及变化特征[24-27]，深度分析很少涉及。

1.4.2　现有研究成果

针对 PCCP 管道的研究成果，可以归纳为理论和试验两部分，二者之间是有机联系、相互印证的关系。

（1）理论分析。

理论分析部分主要包括结构计算方法和数值分析方法两个方向。

AWWA C304 等现有规范的极限状态是基于部分预应力理论来控制计算，计算结果允许管道裂缝出现在一定的范围之内。规范给定了包括工作、弹性和强度在内的三种极限状态作为 PCCP 管道的设计准则，来验证其是否满足各极限状态设计准则的要求。

数值分析部分：对 PCCP 管道进行计算和安全评价的研究仅仅始于 21 世纪初，Zarghamee 和 Diab 等对此做出了重要贡献。

Zarghamee[28,29] 提出的分层模型主要用来分析 PCCP 管道在内水压力和外部荷载作用下的结构响应问题。分层模型仍然是在平面的范围内，通过调整弹性模量跟踪该材料的非线性行为，以便考虑 PCCP 管道在使用过程中刚度变化和内力重分布状况；实际情况下的内水压力和外部荷载的分层模型可以根据马斯顿理论来确定，在实验室内可以按照三边承载试验考虑；分层模型常用于分析 PCCP 特殊部位，例如管顶、管腰和管底等管道纵截面[30,31]。

Diab 建立的有限元模型主要是为了分析管体结构在内压作用下的应力分布情况。Lofti 建立的有限元模型在材料分层的基础上模拟了管道从基础开挖一直到管子铺设过程中与土体的相互作用，分析了预应力损失条件下管芯继续受载的能力[32-34]。

国内方面，对 PCCP 管道的数值分析研究也有不少，吴坤占[25] 结合 PCCP 管道在我国水利工程中的新需要，利用 ANSYS 软件建立了管道结构分析模型并对其进行了仿真分析，其重点是对管道结构进行有限元分析研究，分析了缠丝过程和施工过程两个阶段中管道内部裂缝的发展趋势[35-37]。

熊欢等对 PCCP 管道的制造、施工、安装和运行等过程进行了较为全面的数值仿真分析，从管道裂缝开展和应力分布特征等方面论述了 PCCP 管道相比于其他类型管道的优越性，在原有成果的基础上分析了管道正常工作下的开裂内压以及考虑徐变影响下的破坏模式[38]。

刘雨生等对 PCCP 管道结构进行了初步分析。孙绍平[39] 等采用有限元方法分析了保护层收缩、预应力钢丝松弛和管内外存在不同温差情况下保护层的径向拉应力。杨进新[40] 等通过对 PCCP 安全监测设计进行研究，阐述了长距离超大口径 PCCP 输水工程安全检测的设计原理，旨在为其他输水工程的监测和设计提供参考。折学森[41] 对压力管道土压力的计算给出了较为详尽的分析和说明，唐永进等在应力分析的方法上取得了一定的突破[49]，李晓克等对压力管道的受力性能和计算方法上给出了新的见解，此处不再赘述[51]。

试验部分的相关研究有：Scali[53] 采用岩相分析试验、材料试验和环境测试互相渗透的方法，对保护层的破坏因素进行分析，其结果认为保护层在环境中的酸化和碳化是导致水泥基的膨化反应进而造成保护层剥蚀和破坏的主要因素。Jana 和 Lewis 也对酸性环境下的 PCCP 砂浆保护层破坏机理进行了研究，同样得出碳化是保护层损坏的主要因素，进一步细分发现土壤内酸的种类、浓度以及溶解速度等因素都会对保护层的破坏速度产生影响。

张许平[54] 等对 PCCP 管道工作环境中的侵蚀性因素做了对比分析，对比碳酸腐蚀和腐蚀性氯化物、硫酸盐对保护层的腐蚀作用，得出了相似的结果：碳酸的侵蚀是造成保护层剥蚀破坏的最主要因素。

总之，迄今为止国内外学者对 PCCP 管道施工及运营中出现的各种问题开展了较多的研究工作，并在不同环节取得了很多有价值的研究成果，为进一步的研究提供了参考和依据。但是国内外对 PCCP 管道裂缝开展规律研究及处理方法，确保整体结构耐久性方面研究较少。在混凝土收缩和钢丝的应力松弛等方面对 PCCP 管道整理力学行为研究较少[54,55]。因此，对 PCCP 关键技术和安全性评价进行系统的研究，保障 PCCP 管道作为生命线工程的整体安全是很有必要的。

（2）地下结构抗震研究现状。

20 世纪 50 年代以前，国内外地下结构的抗震设计均以静力分析理论为基础，它是由日本的以大森房吉为代表的一批资深学者提出的[56]。1967 年，Newmark 首先提出对管道抗震的分析，其分析基于两个基本假设：一是不考虑惯性力；二是假定管道与土体之间存在相互的作用，用地震行波来模拟地震波，且管道是刚性的。从而推导出管线在地震作用下的动力特性，即管道的最大轴应变等，得出的结论是管线的抗震设计控制主要因素是管线的最大轴应变[57]。推导公式如下：

$$\varepsilon_{max} = V_{max}/C_p, \quad \chi_{max} = A_{max}/C_g^2, \quad u_{max} = LV_{max}/C_p, \quad \theta_{max} = LA_{max}/C_g^2 \qquad (1.1)$$

式中　　　V_{max}、A_{max}——分别为地面最大速度和加速度；

　　　　　C_p 和 C_g——分别为纵波和横波在土层中沿管线的传播速度；

ε_{max}、χ_{max}、u_{max} 以及 θ_{max}——分别为管线的最大轴应变、最大曲率、接头的最大相对位移以及最大相对转角[58]。

直到 20 世纪 70 年代，上述的第二假定才被最终确定为抗震的基本理论，即管道与其周围的土体之间存在相互作用。基于该理论,日本学者提出可以将管线与土看成两个部分,它们通过弹簧相连,结构外围土体因为波动而产生的位移即通过假设的构件弹簧传递到管线,两者之间位移的传递存在一个传递系数,该系数由两者之间的刚度来衡量。在此基础上,研究者为了验证在抗震设计中结构与土体之间的相互作用是一个不可忽视的问题,通过两者之间存在的滑移现象做出相应试验,验证了理论的真实性,到此阶段的研究已经将模型设定到弹性地基梁的基础上了[59,60]。

随后 5 年中,模型的基本假设又有了一定进展,半弹性空间中的弹性地基梁模型被 Parmelee 和 Ludtke 提出。不再将土与管道看作两个部分,而是作为一个整体来研究,引进了系统刚度和系统质量的概念,使得地下管线的抗震研究有了进一步的深入[61-63]。

此后土与管体之间相互作用的研究进入了非线性研究阶段。1977 年,Takada 提出了非线性摩擦理论,通过试验的方法得出:管道在土体中的非线性摩擦力与地震波的震动频率无关,并在此基础上得到两者之间相对位移的分析解。

到 20 世纪 70 年代末,管道在地震动荷载下的失稳和破裂问题可以通过 Muleski 和 Ariman 等提出的圆柱壳理论解决,同时还可以分析由于管道曲率而引起的一系列问题[64]。通过假定管道为黏弹性介质中的弹性各向同性薄圆柱壳理论,研究者们得出:在多数情况下,地下管道在地震作用来临时,与其周围土体可视为一个整体,二者的运动是一致的[65]。

基于上述管线理论的研究,20 世纪 70 年代末,地下管线的伪静力分析方法首先被 L. R. L. Wang 提出,基本假定是:第一管线与土之间的相互作用可以忽略不计,即管线与土协调变形;第二不考虑地下埋设管线的惯性力,地震时管线的性能完全由土的性能决定。通过上述假定对部分地下埋管的抗震做出相应分析,为后续研究地下管道的抗震设计提供有利数据[66]。

1979 年,Hindy 和 Novak 提出了半无限空间理论,为了实现管道与周围土体之间的相互作用,其将静态 Mindlin 解与平面动应变结合,得到的理论结果是两者的相互作用确实可以降低管线的应力,轴向应力尤为突出,结果和实际抗震调查结论相一致[67]。

20 世纪 80 年代初,相较于土与结构采用的梁式地基模型,更加合理的薄壳模型被 Datta 团队提出,他们对埋设在无限空间和半无限空间中的管线在地震作用下的动力响应通过薄壳模型得出相应结论[68]。

随后,在上述两种地基模型的基础上,学者们通过静力分析得出地下管线的梁型屈曲和壳型屈曲解,为后续研究做铺垫[69]。

1988 年,谢旭和何玉敖通过对比不均匀介质和均匀介质下的地下管线在表面波作用下的动力分析,结果表明:在动荷载下,地下管线的应变表现比在不均匀介质的数值相对较大[70]。

对于埋设在土体中的管道在地震波作用下的研究,在前期学者多是将土体按照无限空间来处理。到了 1987 年,王海波和林皋引入半无限空间思想,通过采用边界元法处理管与土的动力相互作用,并提出相应假定:一是将管道自身作为弹性的地基梁,二是土为半无限的各向同性均匀线弹性介质,进而得到地下管线的地震响应结果[71]。

随着有限元思想的发展,甘文水和侯忠良利用有限元思想对地震动荷载作用下的管线进行计算和分析，为抗震设计要求做出相应贡献[72]。

由于地下管线震害多出在管线接口处，1991 年，何玉敖和梁建文对地下管线三通接头在地震作用下的变形做出相应分析，结果表明：通过采用有限元思想和薄壳理论相结合的原理，在地震波的作用下，管道的接口处变形严重，并出现了很大的应力集中现象，最终分析所有结果后得出将接头进行直埋是最利于抗震设计的。同年，地下管网的三维空间模型首次被梁建文和何玉敖提出，管网概念提上日程，城市生命线工程的抗震分析拉开帷幕[73]。

1999 年，冯启民、郭恩栋等通过建立二维有限元模型及相应动力平衡方程得出在连续渐变位移作用下管道与土体的响应，同时作为国内首次采用振动台形式模拟管道的静力和动力特性分析，得到相应的管道变形情况等[74]。

2000 年，孙建刚、薛景宏、王振利用有限元方法，通过分析地震作用下，在不同的场地条件、管道埋设深度以及管-土相互作用时结构的动力特性，其中土体不同对结构体系固有频率的影响，以及管道内部存在液体时对频率的影响均得到相应的动力分析[75]。

2001 年，赵林、冯启民利用薄壳理论的思想，将地下管线在大位移断层运动下，结合管道和土体自身材料的非线性以及两者之间的相互作用，通过分析管道埋深，内水压力等因素对结构的位移反应，得出在管道屈服以及随后失效的整个过程中，管道相关影响因素是不容忽视的[76]。

2005 年，李彬通过建立土-结构相互作用问题的静-动力联合分析模型，研究出高烈度区内多个地铁工程的地震反应特性，并且提出适用于地下结构抗震分析的 Pushover 法[77]。2009 年，Anil K. Chopra 总结了地下结构抗震的理论方法和实际应用范围[78]。

2011 年，禹海涛、袁勇等建立出复杂体系下地下结构的抗震分析中反应位移法的应用[79]。到了 2013 年，王文晖在其导师刘晶波的指导下，采用理论分析和数值模拟相结合的方法，改进了整体式反应位移法，实现了地下结构抗震研究的系统分析，并且提出了相应的抗震性能指标[80]。

综上所述，地下埋管的抗震研究的发展进程：埋地管道经历由简单的弹性解析模型到可求解非线性反应的有限元板壳模型，理论基础也逐步由假定为主向真实逼近；由半理论向数值模拟过渡的过程；研究对象由笼统的地下结构向更具体的研究对象管道在逼近；工程实际的模拟由简单土层向实际地质情况过渡。但是，目前地下管道的抗震研究依然是以梁式模型为主要研究方法，分析也仅限于解析和半解析状态，对于真实的地下管道情况无法实现。所以，在今后的研究中，如何真实有效地将管线在地震作用下的地震响应反映出来，例如时程法的使用，仍是近阶段乃至将来值得深入研究的问题[81]。

（3）运行期风险分析研究现状。

1985 年，评分法初次被美国 Battelle Columbus 研究院的《风险调查指南》使用到管道风险的研究工作中[82]。

1992 年，美国 WKM 咨询公司总裁详细论述了管道风险评价模型和各种评价方法，至今仍得到普遍应用[83]。

1994 年，召开了关于管道完整性管理的专题研讨会，管道风险评价指导委员会在大会上成立。加拿大 NeoCorr 工程公司研发了 CMI 腐蚀管理软件并自 1994 年起拓展风险咨询及油气管道腐蚀交易。为了准确计算管线失效概率、分析管线失效后果及判断总风险大小，PIRAMID 风险分析软件包由加拿大 C - FER 公司研发[84]。

20 世纪末，DNV 安全评价软件由挪威 DNV 石油开采运输公司研发，根据各行业庞大的数据库为基础，广泛应用于全球各管道行业[85]。

2007 年，一项管道风险管理流程的专利被 Richard D. Turley 等人提交，此专利为了识别存在高度危险的管道区段，以提高管网可靠性[86]。随后，美国供排水协会根据供水系统的自身特点，参考油气管道安全评价方法，对供水系统进行了具体的安全评估工作[87]。Ezell 等人对市政配水系统运用了自主研发的风险研究模型，并顺利地完成了安全评价[88]。

我国开展管道风险评价相关工作的时间较短，对于如何准确获取评价所需数据以及评价方法等方面研究，与其他工业比较发达的国家相比存在较大的距离，而且国内还没有建立健全的安全评价标准，一切还处于起步阶段。目前我国的安全评价大多还停留在相对缓慢、按照国家相关安全生产法规及相关标准来提前制定措施的阶段[89]。

近些年，我国一些先进的科研机构以及相对发展迅速的供排水公司在结合国内供水系统自身特点的同时，引进吸收国外安全评价技术经验，并开始逐步在风险评价研究方面取得一些成果[90]。

目前，由于国内还没有建立健全的安全评价标准，导致安全评价工作的数据缺乏规范性，方法缺乏权威性。因此，为了得出一种相对准确具体的管道风险评价模型，提高管道安全评价的可信度和准确性，一切应从国内管道安全评价的实际现状出发，结合管道安全评价方面最前沿的研究思想，创建与我国管道风险现状相符合的评价指标体系[91]。

1.5　研究的主要工作

本书研究工作主要分为以下几个方面：

（1）对 PCCP 管道的国内外研究现状进行综述，介绍现阶段理论和实验的发展状况，研究重点及发展方向，综合阐述有限元分析方法在 PCCP 管道研究中的作用。

（2）运用有限元软件 ANSYS 建立 PCCP 管道的实体线性模型，并结合实际工况来施加载荷，分别对正常运行工况和正常运行极限状态工况下的特征部位受力状况进行对比分析，以找出应力极值的数值和部位，以及应力的变化规律和荷载的影响规律。

（3）通过已有结果探讨 PCCP 管道的裂缝发展规律，进而改进有限元模型，研究预应力损失对管道开裂临界内压和管道裂缝发展的影响，并根据此结果对工程提出针对性的修补加固措施建议。

（4）通过不同人工边界条件下对 PCCP 管道的地震响应结果的对比，选择出合理的人工边界作为有限元模型的边界。在模拟边界问题上，通过对比各种边界条件下对结构响应的影响来确定合适人工边界为随后有限元模型的建立做准备，文中模型数据将选用南水北调中线段地下埋管 PCCP 的实际数据。

（5）由于存在时间和空间的变化，要考虑局部场地效应的空间变化对于地下结构的地震响应的影响。结合反应位移法和时程分析法，分析不均匀场地和均匀场地下结构的地震响应，以及三种均匀场地（粉砂土、粉土和黏土）下结构的地震响应，并进行比较。

（6）对 PCCP 运行期失效的后果进行分析，划分各失效后果影响指数等级，以建立计算模型、确定失效后果相对值；确定 PCCP 运行期安全评价风险相对值，并据其制定安全评价标准、风险分级，阐述实际意义。以南水北调中线配套工程南阳段为例，验证了该方法在 PCCP 运行期安全评价中的应用。

1.6　研究的技术路线

本书研究的技术路线如图 1.3 所示。

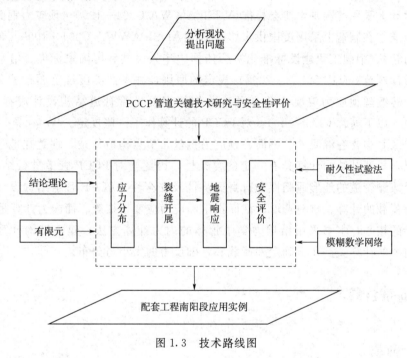

图 1.3　技术路线图

第 2 章

PCCP 结 构 内 力 计 算

美国是最早使用 PCCP 的国家之一，经过试验研究和工程实践经验，建立了美国国家规范 AWWA C301 和 AWWA C304。与国外相比，我国的 PCCP 生产及应用尚处于起步阶段，在设计上采用美国供水协会标准 ANSI/AWWA C304—1999《预应力钢筒混凝土压力管设计标准》在制造上采用美国供水协会标准 ANSI/AWWA C301—1999《预应力钢筒混凝土压力管》。中国工程建设标准化协会依据中华人民共和国国家标准《给水排水工程管道结构设计规范》（GB 50332—2002）规定的原则，并参照美国规范颁布了《给水排水工程埋地管芯缠丝预应力混凝土管和预应力钢筒混凝土管管道结构设计规程》（CECS 140—2002）（以下简称 CECS 140），对 PCCP 的计算作了一些规定。

由于 PCCP 中含有混凝土、钢筒、预应力钢丝，节点构造复杂，埋置在地下需要考虑复杂的工况，导致其结构计算具有一定的复杂性，因此当对 PCCP 管道进行结构设计时，最重要的是兼顾管道的地形适用性和自身经济性及安全性。PCCP 管道结构设计的内容主要包括内外荷载的计算、材料选取、截面设定和应力应变校核等。而内力计算是 PCCP 管体结构设计的核心，本书采用结构力学中管体的内力计算方法，建立结构计算的数学模型。结构内力的计算关键在于确定外荷载和基础反力的大小与分布。

2.1 外荷载计算

2.1.1 土荷载

管顶上竖直土压力数值的大小是管道力学分析中一个十分重要的问题，它在一定程度上控制着管道的截面面积，合理地计算出垂直土压力，是准确分析管道的必要条件。假设管顶土荷载 P_t 如图 2.1 所示，按照马斯顿荷载理论计算出的土荷载 W_e 应该等于 P_t 垂直分量沿着管壁的积分，由 $P_t = P_0 \cos \dfrac{2}{3} \theta$ 可得

$$W_e = 2 \int_0^{3\pi/4} P_0 \cos \frac{2}{3} \theta \cos\theta r \, \mathrm{d}\theta \qquad (2.1)$$

积分得

$$P_0 = \frac{W_e}{1.697R}$$

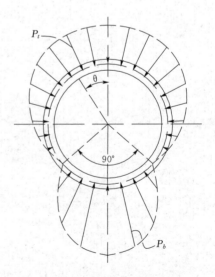

图 2.1　土荷载计算模型

假设基础的支撑反力分布为 $P_b = P_\theta \cos 2\theta$ ，又因 P_b 垂直分量沿管周积分的合力等于垂直土荷载 W_e ，即

$$W_e = 2 \int_{3\pi/4}^{\pi} P_0 \cos 2\theta \cos \theta r \, \mathrm{d}\theta \tag{2.2}$$

可解得：$P_\theta = \dfrac{W_e}{0.943R}$ ；$P_b = \dfrac{W_e}{0.943R} \cos 2\theta$ 。

2.1.2 流体自重

如图 2.2 所示，流体自重产生的是沿管周分布的压强 P_i ，且分布函数 $P_i = P_f(1 - \cos\theta)$：$P_i$ 沿垂直方向分量沿管周的积分合力等于单位管长内流体自重，即

$$W_f = 2 \int_0^{\pi} P_f (1 - \cos\theta) r \, \mathrm{d}\theta \tag{2.3}$$

解得

$$P_i = \frac{W_f}{\pi R} (1 - \cos\theta)$$

式中　W_f——单位管长中水的重量。

同理基础的支撑反力为 $P_b = \dfrac{W_f}{0.943R} \cos 2\theta$ 。

2.1.3 管体自重

如图 2.3 所示，根据重力的作用规律，自重荷载的分布为

$$w = \frac{W_p}{2\pi} \mathrm{d}\theta \tag{2.4}$$

基础的支撑反力为

$$P_b = \frac{W_p}{0.943R} \cos 2\theta \tag{2.5}$$

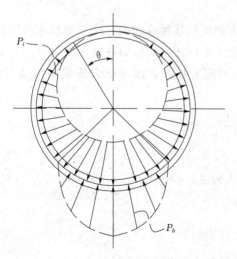

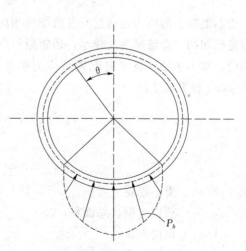

图 2.2　流体自重计算模型　　　　图 2.3　管体自重计算模型

2.2 结构内力计算

实际设计计算过程中，为简化计算模型，根据计算模型的对称性，取整体模型的一半，顶部为定向支座，只有弯矩和轴力，剪力为0，底部为固定端约束，如图2.4所示，此时模型底端为固定端，顶端为定向支座。

由于顶端的位移约束条件的存在，顶端的水平位移为0，据此可以算出顶端的弯矩和轴力，再结合已知的 P_t、P_b、P_i、w 等荷载分布函数，即可计算出任意截面的弯矩 M_e 和轴力 N_e：

$$M_e = C_{m/x} W_x R \qquad (2.6)$$

$$N_e = C_{n/x} W_x \qquad (2.7)$$

图 2.4 结构简化计算模型示意图

式中　　W_x——主要荷载，分别有 W_e、W_t、W_p、W_f；

$C_{m/x}$、$C_{n/x}$——弯矩荷载作用系数；

　　M_e——由 W_x 作用产生的沿径向任意截面的弯矩；

　　N_e——由 W_x 作用产生的沿径向任意截面的轴力。

各项叠加即可得出外荷载在任意截面产生的总弯矩 M_1 和轴力 N_1 如下：

$$M_1 = R[C_{m/e}(W_e + W_t) + C_{m/p} W_p + C_{m/f} W_f] \qquad (2.8)$$

$$N_1 = 0.5 D_y P - [C_{n/e}(W_e + W_t) + C_{n/p} W_p + C_{n/f} W_f] \qquad (2.9)$$

式中　　M_1——荷载组合作用下截面的总弯矩；

　　N_1——荷载组合作用下截面的轴力；

D_y、P——分别为计算内径和内水压力。

2.3 预压应力计算

管芯混凝土的应力是通过与其缠绕的预应力钢丝的接触施加的。由于钢丝张拉时的预应力是已知的，管壁厚度又较小，通常假设混凝土中的环向预应力在断面内是均匀分布在管周的，本书主要计算单层配置预应力钢丝的预应力损失。预压应力按我国规范 CECS 140—2002 计算如下：

$$f_{ic} = \frac{A_s f_{sg}}{A_c + \alpha_{Es} A_s + \alpha_{Ey} A_y} \qquad (2.10)$$

$$f_{iy} = \alpha_{Ey} f_{ic} \qquad (2.11)$$

$$f_{is} = -f_{sg} + \alpha_{Es} f_{ic} \qquad (2.12)$$

式中　　A_c——管芯混凝土面积；

　　A_y——预应力钢丝总面积；

　　A_s——钢筒面积；

α_{Es}、α_{Ey}——分别为预应力钢丝、钢筒与管芯混凝土的弹性模量比；

　　f_{ic}——管芯混凝土的初始应力，MPa；

f_{sg} ——预应力钢丝总的缠绕应力，MPa。

2.4 结构应力应变计算

2.4.1 荷载工况组合

在计算确定 PCCP 管的设计荷载和内压之后，分别乘上相同的组合系数组成 PCCP 结构设计的各种组合工况，ANSI/AWWA C304 一共包括了 7 种荷载、14 种组合，在不同的组合中也给出了不同的乘系数，不考虑现场试验压力，表 2.1 给出了 12 种荷载组合以及荷载参数。

表 2.1　　　　　　　　　　　　荷载组合及荷载参数

荷载组合	荷载及荷载系数					
	静荷载	管道自重	流体自重	瞬时荷载	工作内压	瞬时内压
	W_e	W_p	W_f	W_t	P_w	P_t
工作荷载＋内压组合						
W1	1.0	1.0	1.0	—	1.0	—
W2	1.0	1.0	1.0	—	—	—
FW1	1.25	1.0	1.0	—	—	—
工作荷载＋瞬时荷载＋内压组合						
WT1	1.0	1.0	1.0	—	1.0	1.0
WT2	1.0	1.0	1.0	1.0	1.0	—
WT3	1.0	1.0	1.0	1.0	—	—
FWT1	1.1	1.1	1.1	—	1.1	1.1
FWT2	1.1	1.1	1.1	1.1	1.1	—
FWT3	1.3	1.3	1.3	1.3	1.3	—
FWT4	1.3	1.3	1.3	1.3	—	—
FWT5	1.6	1.6	1.6	2.0	—	—
FWT6	—	—	—	—	1.6	2.0

2.4.2 管壁应力、应变计算

对管壁截面应力、应变分布进行线性假设，设定混凝土受拉边缘的应变值 ν_2 和管壁截面应变分布斜率 k，由线性几何关系推算出各点处的应力、应变。轴力和弯矩可以由应力值沿断面进行反向合成。反复迭代计算直至管壁截面的内力和等于外荷载作用下计算的内力值。计算迭代流程图如图 2.5 所示。

在组合荷载的作用下，应力的较大值应出现在管顶、管底截面的内侧部位，应变的较大值应出现在内层混凝土内边缘。因此在计算管顶/管底截面时，先假设管芯内侧为受拉

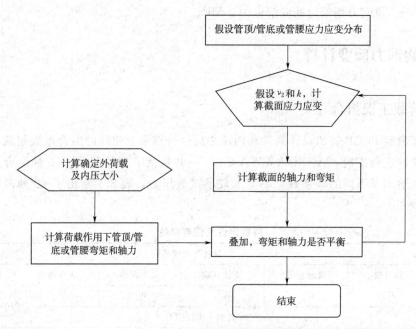

图 2.5　结构计算迭代流程图

区，则拉应变应符合下式：

$$\varepsilon_{ci} = (1 + \nu_2)\varepsilon_i' \qquad (2.13)$$

式中　ε_i'——管芯混凝土的极限拉应变。

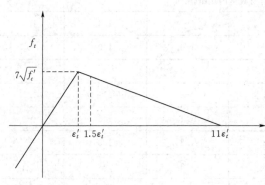

图 2.6　混凝土的应力应变关系

应变沿着管壁截面呈线性分布，假设其受拉区厚度与总厚度的比值为 k，则受拉区厚度为 kh_c，受压区厚度为 $(1-k)h_c$，据此可算出各厚度点的应变值，代入混凝土的本构关系即可得出应力值。考虑混凝土的塑性发展，其应力应变关系如图 2.6 所示。

图 2.6 中应力应变关系可分为三个阶段：线弹性阶段、微裂缝阶段、可见裂缝阶段。

计算时可先根据 ν_2 值的大小来判断管芯内侧边缘是否达到极限拉应力，再根据情况代入以下不同公式来计算应力值：

$\nu_2 \leqslant 0$ 时，

$$f_{ci} = (1 + \nu_2)f_t' \qquad (2.14)$$

$0 < \nu_2 \leqslant \nu$ 时，

$$f_{ci} = \left(1 - \frac{\nu_2}{\nu}\right)f_t' \qquad (2.15)$$

$\nu_2 > \nu$ 时，

$$f_{ci} = 0 \qquad (2.16)$$

式中　ν——管芯混凝土开裂时塑性应变与极限应变之比值；

　　　ν_2——管芯混凝土受拉区边缘的应变值。

外层管芯外边缘的应变为

$$\varepsilon_{co} = \varepsilon_{ci}(1/k - 1) \tag{2.17}$$

应力为

$$f_{co} = (1 + \nu_2)(1/k - 1)f'_t \tag{2.18}$$

不考虑砂浆保护层对截面内力的贡献，直接计算钢筒层的应力应变，即

$$f_y = nf'_t(1 + \nu_2)\frac{kh_c - d_y}{kh_c} \tag{2.19}$$

式中　n——钢筒与混凝土弹性模量之比。

$$\varepsilon_y = \varepsilon_{ci}\frac{kh_c - d_y}{kh_c} \tag{2.20}$$

混凝土管芯的内力计算可由应力值和截面的应力分布来合成，对于管长为 b 受拉区有

$\nu_2 \leqslant 0$ 时，

$$F_{ci} = -0.5bkh_c(1 + \nu_2)f'_t \tag{2.21}$$

$0 < \nu_2 \leqslant \nu$ 时，

$$F_{ci} = \frac{-0.5bkh_c(1 + \nu)}{1 + \nu_2}f'_t + \frac{0.5bkh_c(\nu - \nu_2)}{1 + \nu_2}f_{ci} \tag{2.22}$$

$\nu_2 > \nu$ 时，

$$F_{ci} = \frac{-0.5bkh_c(1 + \nu)}{1 + \nu_2}f'_t \tag{2.23}$$

受压区则有

$$F_{co} = 0.5bh_c(1 - k)f_{co} \tag{2.24}$$

然后，由轴力大小和作用点可对钢丝的中心点求矩，即可得到受拉区的弯矩如下：

$\nu_2 \leqslant 0$ 时，

$$M_{ci} = -F_{ci}h_c\left(1 + \frac{d_s}{2h_c} - \frac{k}{3}\right) \tag{2.25}$$

$0 < \nu_2 \leqslant \nu$ 时，

$$\begin{aligned} F_{ci} = {}&\frac{0.5bkh_c(1 + \nu)}{1 + \nu_2}f'_t\left[\left(1 + \frac{d_s}{2h_c}\right)h_c - \frac{kh_c}{1 + \nu_2}\left(\nu_2 + \frac{1 - \nu}{3}\right)\right] \\ &- \frac{0.5bkh_c(\nu - \nu_2)}{1 + \nu_2}f_{ci}\left[\left(1 + \frac{d_s}{2h_c}\right)h_c + \frac{kh_c}{1 + \nu_2}\left(\nu_2 + \frac{\nu - \nu_2}{3}\right)\right] \end{aligned} \tag{2.26}$$

$\nu_2 > \nu$ 时，

$$M_{ci} = \frac{0.5bkh_c(\nu - \nu_2)}{1 + \nu_2}f_{ci}\left[\left(1 + \frac{d_s}{2h_c}\right)h_c - \frac{kh_c}{1 + \nu_2}\left(\nu_2 + \frac{1 - \nu}{3}\right)\right] \tag{2.27}$$

受压区的弯矩则为

$$M_{co} = -F_{co}\left[\left(\frac{1 - k}{3}\right)h_c + \frac{d_s}{2}\right] \tag{2.28}$$

同理求得保护层和钢筒的轴力和弯矩，与管芯计算结果相叠加即可得到管道整体的轴力和弯矩。

2.5　实例分析

现以 PCCP E2200×140×C50/P0.8/H3 型预应力混凝土管的设计计算为例来验证缠丝面积、缠丝间距。

2.5.1 工程状况

设计条件：埋置式预应力混凝土管道，成型方式为立式振动成型，覆土深度3m，45°沟埋式埋设。流体密度 $g_f = 1000 \mathrm{kg/m^3}$。具体参数见表2.2。

表2.2 管 道 参 数

基本尺寸	内径 D_i	2200mm	钢筒	厚度 t_y	15mm
	壁厚 h_c	140mm		屈服强度 f_{yy}	228MPa
	钢筒外径 d_y	2313mm		极限强度 f'_{yy}	310MPa
内水压力	工作压力 P_w	0.8MPa	混凝土	抗压强度 f_c	40MPa
	水锤压力 P_t	0.32MPa		密度 g_c	2323kg/m³
外部荷载	土荷载 W_e	181.2kN/m	保护层	厚度 h_m	25mm
	附加荷载 W_s	24.2kN/m		抗压强度 f_m	37.9MPa
	活荷载 W_t	16.2kN/m		密度 g_m	2243kg/m³
钢丝	直径 d_s	5mm	敷设	敷设基角	90°
	极限强度 f_{su}	1570MPa		管重基角	15°
	控制应力 f_{sg}	1178MPa		水重基角	90°

2.5.2 计算结果

取 $A_s = 1668 \mathrm{mm^2/m}$ 试算，计算结果见表2.3～表2.5。

表2.3 管道整体可靠性计算结果

极限状态准则	荷载组合	内压力/MPa	极限值/MPa	是否符合
防止管芯零应力	W1	0.80	1.22	符合
防止保护层开裂	WT1	1.12	1.59	符合

表2.4 管底和管顶可靠性计算结果

极限状态准则	荷载组合	ν_2	k	应变	应变极限值	是否符合
防止管芯微裂缝 $\varepsilon_{ci} \leqslant 1.5\varepsilon'_t$	WT1	0.499	0.350	205×10^{-6}	205×10^{-6}	符合
防止管芯出现可见裂缝 $\varepsilon_{ci} \leqslant 11\varepsilon'_t$	WT1	3.488	0.620	613×10^{-6}	1503×10^{-6}	符合
	WT2	0.694	0.369	231×10^{-6}	1503×10^{-6}	符合
	FWT1	3.625	0.606	632×10^{-6}	1503×10^{-6}	符合

表2.5 管腰截面计算结果

极限状态准则	荷载组合	ν_2	k	应变	应变或应变极限值	是否符合
防止外管芯微裂缝 $\varepsilon_{ci} \leqslant 1.5\varepsilon'_t$	W1	-0.238	0.201	104×10^{-6}	205×10^{-6}	符合
防止保护层微裂缝 $\varepsilon_{ci} \leqslant 0.8\varepsilon'_{km}$	W1	-0.238	0.201	522×10^{-6}	912×10^{-6}	符合

极限状态准则	荷载组合	ν_2	k	应变	应变或应变极限值	是否符合
防止管芯出现可见裂缝 $\varepsilon_{ci} \leqslant 11\varepsilon'_t$	WT1	0.463	0.375	200×10^{-6}	1503×10^{-6}	符合
	WT2	-0.152	0.212	116×10^{-6}	1503×10^{-6}	符合
	FWT1	0.503	0.350	205×10^{-6}	1503×10^{-6}	符合
防止保护层可见裂缝 $\varepsilon_{ci} \leqslant \varepsilon_{km}$	WT1	0.463	0.375	620×10^{-6}	1140×10^{-6}	符合
	WT2	-0.152	0.212	539×10^{-6}	1140×10^{-6}	符合
	FWT1	0.503	0.350	635×10^{-6}	1140×10^{-6}	符合
内层管芯压缩 $f_{ci} \leqslant 0.55 f_c$	W2	-1.793	-0.210	16.8	22.0	符合
内层管芯压缩 $f_{ci} \leqslant 0.55 f_c$	WT3	-1.704	-0.175	17.3	26.0	符合

由表中结果可知：此结构设计理论各项指标均符合设计准则。

2.6 本章小结

本章主要对 PCCP 管道的各种荷载、内力计算以及应力、应变分析方法进行了系统介绍，总结了 PCCP 结构设计的理论基础和控制要点。结合软件计算分析，采用 AWWA C304 规范的迭代试算法对实际工程中 PCCP 管道的预应力钢丝进行了验算。根据拉应力控制原则，以不出现拉应力为目标确定受拉区厚度与总厚度的比值 k 的取值范围为（0，1）；根据受拉区不出现可见裂缝确定受拉区边缘的应变值 ν_2 的取值范围为（-1，10）。对 PCCP 管道整体的应力应变分布状况进行了分析，初步确定微裂缝以及可见裂缝的发生部位为混凝土保护层以及管芯混凝土的管腰部位。

第 3 章

PCCP 有限元分析方法

3.1 有限元法的基本原理

3.1.1 有限元法基本理论

有限元法是一种高效能、常用的计算方法。有限元法在早期是以变分原理为基础发展起来的，因此它广泛地应用于以拉普拉斯方程和泊松方程所描述的各类物理场中（这类物理场与泛函的极值问题有着紧密的联系）。自 1969 年以来，某些学者在流体力学中应用加权余数法中的迦辽金法（Galerkin）或最小二乘法等同样获得了有限元方程，因而有限元法可以应用于以任何微分方程所描述的各类物理场中，而不再要求这类物理场和泛函的极值问题有所联系。有限元法是用离散的单元组合来表达连续的求解域，通过假设各单元内的近似函数用于表达求解域内的未知场函数，使连续的无限问题转换成一个离散的有限问题。

随着现代科学技术的发展，人们正在不断建造更为快速的交通工具、更大规模的建筑物、更大跨度的桥梁、更大功率的发电机组和更为精密的机械设备。这一切都要求工程师在设计阶段就能精确地预测出产品和工程的技术性能，需要对结构的静力、动力强度以及温度场、流场、电磁场和渗流等技术参数进行分析计算。例如分析计算高层建筑和大跨度桥梁在地震时所受到的影响，看看是否会发生破坏性事故；分析计算核反应堆的温度场，确定传热和冷却系统是否合理；分析涡轮机叶片内的流体动力学参数，以提高其运转效率。这些都归结为求解物理问题的控制偏微分方程式往往是不可能的。近年来在计算机技术和数值分析方法支持下发展起来的有限元分析（Finite Element Analysis，FEA）方法则为解决这些复杂的工程分析计算问题提供了有效的途径。

3.1.2 有限单元法分析的过程

对于有限元方法，其建模解析步骤可归纳为：

（1）建立积分方程，根据变分原理或方程余量与权函数正交化原理，建立与微分方程初边值问题等价的积分表达式，这是有限元法的出发点。

（2）区域单元剖分，根据求解区域的形状及实际问题的物理特点，将区域剖分为若干相互连接、不重叠的单元。区域单元划分是采用有限元方法的前期准备工作，这部分工作量比较大，除给计算单元和节点进行编号和确定相互之间的关系之外，还要表示节点的位置坐标，同时还需要列出自然边界和本质边界的节点序号和相应的边界值。

（3）确定单元基函数，根据单元中节点数目及对近似解精度的要求，选择满足一定插值条件的插值函数作为单元基函数。有限元方法中的基函数是在单元中选取的，由于各单元具有规则的几何形状，在选取基函数时可遵循一定的法则。

（4）单元分析：将各个单元中的求解函数用单元基函数的线性组合表达式进行逼近，再将近似函数代入积分方程，并对单元区域进行积分，可获得含有待定系数（即单元中各节点的参数值）的代数方程组，称为单元有限元方程。

（5）总体合成：在得出单元有限元方程之后，将区域中所有单元有限元方程按一定的法则进行累加，形成总体有限元方程。

（6）边界条件的处理：一般边界条件有三种形式，分别为本质边界条件（狄里克雷边界条件）、自然边界条件（黎曼边界条件）和混合边界条件（柯西边界条件）。对于自然边界条件，一般在积分表达式中可自动得到满足。对于本质边界条件和混合边界条件，需按一定法则对总体有限元方程进行修正满足。

（7）解有限元方程：根据边界条件修正的总体有限元方程组，是含所有待定未知量的封闭方程组，采用适当的数值计算方法求解，可求得各节点的函数值。

对于工程中的应用，可以按照以下步骤展开：

（1）单元离散：首先把连续的工程实体计算模型离散成尺寸和数目有限的空间单元，即划分有限元网格。常见的单元有四面体单元、三棱柱单元和六面体单元。为了使网格更加优化，通常首选六面体等参单元，其次选择四面体单元和三棱柱单元作为局部填充单元，单元划分时通常要求单元三个方向的尺寸不要差异过大，避免出现细长单元。

（2）单元分析：为了获得节点应力，首先应求得节点位移。计算节点位移的方法是把每个节点的位移和等效荷载用坐标系下各个方向的分量表示，把各节点的位移和等效载荷按顺序排列成阵。位移场的求解问题就被转换成了离散结构在等效荷载下求节点位移的问题。建立单元刚度矩阵，分离单元网格，将受到结点所施加的作用力作为单元的节点力。单元的节点力与节点位移的关系为

$$F^e = ka^e \tag{3.1}$$

式中　k——单元的刚度矩阵；

　　　F^e——节点合力；

　　　a^e——节点的位移。

（3）整体分析：根据结点的平衡条件，建立方程以求解结点位移。由于任何一个结点都将受到周围节点对其的作用且这些节点力的大小相等、方向相反，根据结点的平衡条件这些结点力的合力应该等于单元的结点荷载，可知：

$$\sum_e U_i = \sum_e R_{ix}, \quad \sum_e V_i = \sum_e R_{iy} \tag{3.2}$$

式中　$\sum_e$——对那些环绕结点 i 所有单元的求和。

上列平衡方程用矩阵表示，即为

$$\sum_e F_i = \sum_e R_i \qquad (3.3)$$

对所有结点进行矩阵表示，代入以上的平衡方程，得

$$Ka = R \qquad (3.4)$$

此方程中把节点位移作为未知量，K 和 R 分别为整体的刚度矩阵和等效结点荷载。添加位移约束条件，联立即可解得各结点位移。

3.2　ANSYS 应用软件简介

ANSYS 作为一个通用的有限元法设计软件，可以在一定条件下模拟各个领域中的实际问题。它分为以下三个模块：前处理、分析计算以及后处理。

前处理模块为用户提供了一个进行实体建模和划分网格的强大工具，用户可以在此轻松地构建有限元模型；分析计算模块不仅包括结构的线性和非线性分析，同时还扩展到了流体动力学、电磁场、声场、压电场的分析以及多场耦合分析的情况，模拟各种介质的相互影响，还可以开展灵敏度分析以及优化分析；后处理模块的作用是把计算结果以各种形式显示出来，常用的显示方式有彩色等值线显示、梯度显示及矢量显示，通过设置也可让结果以图表和曲线的形式更直观地输出。

3.2.1　主要特点

（1）建模能力强：仅仅需要 ANSYS 这一种软件就能建立各种极为复杂的几何模型，可采用自下而上、自上而下以及两种方式组合的建模方法，一个实体的几何模型可通过各种布尔运算和操作来实现。

（2）求解能力强：ANSYS 软件提供了一系列的求解器，主要类型有预条件共轭梯度迭代求解器、雅可比共轭梯度迭代求解器、不完整的共轭梯度迭代求解器；波前直接求解器、稀疏矩阵直接求解器、分块 Lanczos 特征值法、子空间特征值法、凝聚特征值法 QR 阻尼特征值法；分布式并行求解器、代数多重网格并行求解器等，在计算时可根据不同类型的问题选择合适的求解器进行求解。

（3）非线性分析能力极强：ANSYS 软件对材料非线性、几何非线性、接触非线性甚至单元非线性都能进行较好的分析。

（4）智能网格划分能力极强：软件可自动生成智能划分有限元网格，其是根据模型本身的特点划分而成的，或是根据需要将实际的模型结构划分为多种不同的网格。

（5）优化设计功能良好：ANSYS 能够充分发挥优化设计功能，它可以确定结构模型的最优设计方案；而且 ANSYS 拥有拓扑优化功能，该功能可充分优化模型的外形，以此找到对材料利用率最高的方法。

（6）具有单场及多场耦合分析功能：ANSYS 不仅能做单场分析，还能对这些场的相互影响进行分析研究，称为多场耦合分析。

（7）具有多接口功能：ANSYS 为 CAD 软件和其他限元分析软件都提供了接口程序，

22

方便使用者实现数据之间的共享和交换。

（8）后处理功能极强：查看结果时，可根据需要得到任意结点或单元的计算结果数据，对其进行后处理之后可以实现数据列表输出、按照图形显示、进行动态变化等多种形式的输出，还可以对复杂荷载组合工况和时间历程等计算形式进行分析。

3.2.2　组成模块及功能

（1）结构分析（Structural）：静力分析用于求解静力载荷作用下结构的位移和应力等，包括线性分析和非线性分析，其中非线性分析涉及塑性、应力刚化、大变形、大应变、超弹性、接触和蠕变等；模态分析用于计算线性结构的固有频率和模态；谱分析是模态分析的扩展，用于计算由随机载荷引起的结构应力和应变；谐波分析用于确定线性结构在随时间正弦曲线变化的载荷作用下的响应；瞬态动力分析用于计算结构在随时间任意变化的载荷作用下的响应，并且可考虑上述静力分析中提到的所有非线性特性；屈曲分析用于计算屈曲载荷和确定屈曲模态，ANSYS 可进行线性屈曲分析和非线性屈曲分析；显式动力分析 ANSYS/LS-Dyna 可用于计算高度非线性动力学问题和复杂的冲击、碰撞、快速成型问题。

（2）热分析（Thermal）：内热源存在热源问题；相变分析用于计算材料在温度变化时的相变、熔化和凝固等；热传递为传导、对流、辐射。

（3）流体动力学分析（Flotran）：ANSYS 程序的 Flotran CFD 分析功能能够进行二维及三维的流体瞬态和稳态动力学分析。可以完成以下分析：层流、紊流分析；自由对流与强迫对流分析；可压缩流/不可压缩流分析；亚音速、跨音速、超音速流动分析；多组分流动分析；移动壁面及自由界面分析；牛顿流与非牛顿流体分析；内流和外流分析；分布阻尼和 FAN 模型；热辐射边界条件，管流。

（4）电磁分析（Emag）：静磁场分析用于计算直流电或永磁体的磁场；瞬态磁场分析用于计算随时间变化的电流或外界引起的磁场；交变磁场分析用于计算由交流电引起的磁场；电场分析用于计算电阻或电容系统的电场，典型的物理量有电流密度、电荷密度、电场及电阻；高频电磁场分析用于计算微波及波导、雷达系统。

（5）声学分析：ANSYS 程序能进行声波在含流体介质中传播的研究，也能分析浸泡在流体中的固体结构的动态特性。其包括：声波在容器内的流体介质中传播；声波在固体介质中的传播；水下结构的动力分析；无限表面吸收单元。

（6）多耦合场分析（Multiphysics）：多耦合场分析就是考虑两个或多个物理场之间的相互作用。ANSYS 统一数据库及多物理场分析并存的特点保证了可方便地进行耦合场分析，允许的耦合类型有以下几种：热-应力、磁-热、磁-结构、流体流动-热、流体-结构、热-电、电-磁-热-流体-应力。

3.3　PCCP 管道实体模型的建立

（1）基本假定

1）连续性，即管体、垫层、地基、回填土是紧密联系在一起的。

2）均匀性，即管体、地基、回填土等材料是均匀的。

3）线弹性，模型采用线弹性本构模型。

（2）单元选取

计算模型中，混凝土采用 SOLID65 单元（图 3.1），用于模拟三维有钢筋或无钢筋的混凝土。该单元能够计算拉裂和压碎。在混凝土应用中，该单元的实体功能可以用于建立混凝土模型，同时，还可用加筋功能建立钢筋混凝土模型。另外，该单元还可以应用于加强复合物（如玻璃纤维）和地质材料（如岩石）。该单元由八个节点定义，每个节点有三个自由度：节点坐标系的 x、y、z 方向的平动。最多可定义三种不同规格的钢筋。SOLID65 单元与 SOLID45（三维结构实体）单元类似，只是增加了特别的断裂和压碎功能。SOLID65 单元最重要的方面是对非线性材料性质的处理。所建立的混凝土模型具有断裂（沿三个正交方向）、压碎、塑性变形和蠕变功能。钢筋模型具有拉伸和压缩功能，没有剪切功能。另外，它们还具有塑性变形和蠕变功能。

为减少单元类型，对于地基以及回填土的单元选取同样采用了 SOLID65 单元。

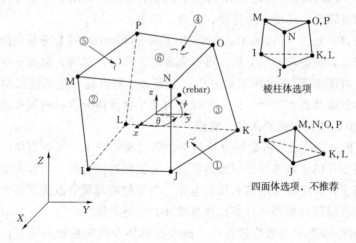

图 3.1　SOLID65 单元示意图

钢筒采用 Shell63 单元（图 3.2），Shell63 单元同时具有弯曲能力和膜力，即可以承受平面内荷载又可以承受法向荷载，该单元每个节点有 6 个自由度：x、y、z 方向的平动和绕 x、y、z 轴的转动。

该单元包括应力刚化和大变形功能。在大变形分析（有限转动）中，可以用一致切向刚度矩阵。

预应力钢丝采用 Link8 单元模拟（图 3.3），Link8 单元是一种杆轴方向的实体拉压单元，单元的每个节点都只具有 3 个平动自由度。该单元只能承受拉压，不能承受弯矩，故可用来模拟预应力钢丝。

（3）材料参数以及荷载组合见表 3.1 和表 3.2。

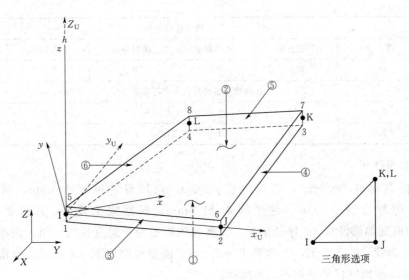

图 3.2　Shell63 单元示意图

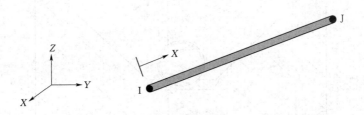

图 3.3　Link8 单元示意图

表 3.1　　　　　　　　　　　　材 料 参 数 表

材料名称	密度/(kg/m³)	弹性模量/MPa	泊松比
管芯混凝土	2323	3.25e4	0.167
钢筒	7800	2.0685e5	0.29
钢丝	7800	1.9305e5	0.29
保护层	2243	3.25e4	0.167
回填土	1922	10	0.35
地基	—	80	0.29
垫层	—	40	0.35

表 3.2　　　　　　　　　　荷载组合及荷载参数

荷载组合	荷载及荷载系数					
	静荷载	管道自重	流体自重	瞬时荷载	工作内压	瞬时内压
	W_e	W_p	W_f	W_t	P_w	P_t
工作荷载＋内压组合						
W 1	1.0	1.0	1.0	—	1.0	—

荷载组合	荷载及荷载系数					
	静荷载	管道自重	流体自重	瞬时荷载	工作内压	瞬时内压
	W_e	W_p	W_f	W_t	P_w	P_t
工作荷载＋瞬时荷载＋内压组合						
WT1	1.0	1.0	1.0	—	1.0	1.0
WT2	1.0	1.0	1.0	1.0	1.0	—

（4）模型尺寸

沿管长方向取 6000mm，管道内径 2200m，内层管芯厚度 140mm，钢筒厚度为 0.15mm，缠丝直径 5.0mm，缠丝间距 11.8mm。根据施工规范，外保护层厚度取 25mm，沟槽底部铺设 0.2m 厚的垫层，沟槽基础深度为管道直径的 3 倍，沟槽两侧土体的计算宽度为管径的 3.5 倍，上部覆土深度 3m。模型截面如图 3.4 所示，有限元模型如图 3.5 所示，截面网格划分如图 3.6 所示。

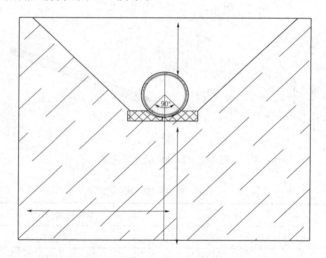

图 3.4　PCCP 管道的计算模型

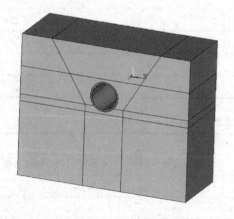

图 3.5　有限元模型图

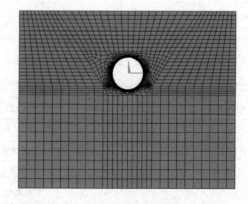

图 3.6　模型截面网格图

（5）边界条件

回填土自由表面和管体内周边为自由边界，两侧采用侧向链杆支撑，地基基础底部采用铰支固定。

3.4 本章小结

有限元法是一种高效能、常用的计算方法。有限元法在早期是以变分原理为基础发展起来的，因此它广泛地应用于以拉普拉斯方程和泊松方程所描述的各类物理场中，本章阐述了运用有限元法进行 PCCP 管结构分析的基本原理。根据 PCCP 的结构计算模型，采用 ANSYS 软件建立了 PCCP 管的线弹性模型。

第4章

PCCP 线弹性有限元结果与分析

在管道线弹性有限元模型已经建成的前提下，根据 PCCP 管从制造、施工到运行过程中的实际受力情况，依次施加预应力、管道自重、回填土压、水重、工作内压和瞬时内压，通过观察拉应力的发展变化来判断裂缝的发生和发展。

4.1 荷载施加的实现

4.1.1 预应力的施加

本书采用的缠丝预应力在 ANSYS 建模中的模拟方法是最常用的预应力施加方法，即初始应变法。该方法将钢绞线和混凝土两类单元，通过二者单元的节点耦合实现相互作用。预应力施加时先对结构进行约束，定义钢绞线单元实常数，依据实际应力换算出应变，协调变形，使得两种单元共同受力。初始应变法具有与降温法一样的优点，能够较为精确地模拟出钢绞线的位置、线型，且能实现对预应力损失的模拟，能够解决等效荷载法无法模拟的复杂线型的预应力钢筋，计算结果应力集中现象明显，难以求得细部应力状况。其缺点在于工作量大，计算时耗费内存以及时间较多。

4.1.2 静荷载的施加

静荷载包括覆土荷载和附加恒载，覆土荷载按照惯性荷载施加，采用此法的前提是对模型的质量进行定义，然后施以重力加速度；附加荷载按线性荷载施加。

(1) 管体自重：管体自重采用惯性荷载的施加方法来实现，同样是对管体各成分的质量进行定义，然后施以重力加速度。

(2) 水体自重：水体自重是对管道内表面施加线性增加的面荷载，线性梯度值与水的密度有关，施加位置则由水深来决定，本书按设计满水深计算。

(3) 工作压力 $P_w = 0.8\text{MPa}$，瞬时内压 $P_t = 0.32\text{MPa}$。

(4) 附加荷载 $W_p = 24.0\text{kN/m}$，瞬时荷载 $W_t = 16.2\text{kN/m}$，按照线性荷载施加。

4.2 工况分类及荷载组合

管道裂缝多发生在极限荷载组合的工作状态下，本章以管道正常工作状态与极限工作状态做比对，探讨裂缝的发生和发展，工况分为正常运行工况和正常运行极限工况两大类。

4.2.1 正常运行工况

该工况依次施加静荷载、管道自重、水体重力、工作内压，重点观察管道各部位随荷载步的施加应力的变化。按照加载顺序分为以下四类：

（1）工况一：预应力。

（2）工况二：预应力＋静荷载＋管道自重。

（3）工况三：预应力＋静荷载＋管道自重＋工作内压。

（4）工况四：预应力＋静荷载＋管道自重＋工作内压＋水体重力。

4.2.2 正常运行极限工况

工况五条件下依次施加静荷载、管道自重、水体重力、工作内压、瞬时内压，重点观察瞬时内压对管道各部位应力的影响，判断裂缝的发生和发展。加载顺序如下：

工况五：预应力＋静荷载＋管道自重＋工作内压＋水体重力＋瞬时内压。

4.3 计算结果及分析

为更直观地观察结果，本文在模型展示时只取管道中间 1/3 单元，环向应力结果以应力云图的方式显示。

4.3.1 内层管芯

内层管芯模型如图 4.1 所示。

内层管芯的管顶、管底、管腰以及包角部位在各种荷载下的环向应力云图如图 4.2 所示。

图 4.1 内层管芯模型图

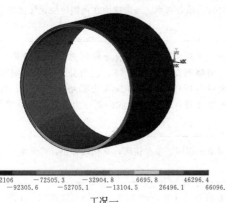

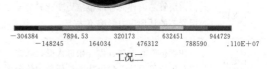

| -112106 | -72505.3 | -32904.8 | 6695.8 | 46296.4 |

| -92305.6 | -52705.1 | -13104.5 | 26496.1 | 66096.7 |

工况一

| -304384 | 7894.53 | 320173 | 632451 | 944729 |

| -148245 | 164034 | 476312 | 788590 | .110E+07 |

工况二

图 4.2 （一） 内层管芯环向应力云图（单位：Pa）

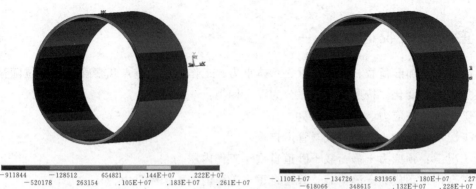

| −911844 | −128512 | 654821 | .144E+07 | .222E+07 |
| −520178 | 263154 | .105E+07 | .183E+07 | .261E+07 |

工况三

| −.110E+07 | −134726 | 831956 | .180E+07 | .277E+07 |
| −618066 | 348615 | .132E+07 | .228E+07 | .325E+07 |

工况四

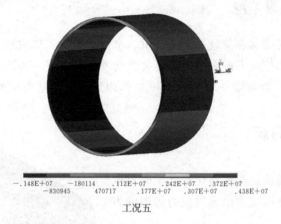

| −.148E+07 | −180114 | .112E+07 | .242E+07 | .372E+07 |
| −830945 | 470717 | .177E+07 | .307E+07 | .438E+07 |

工况五

图 4.2（二） 内层管芯环向应力云图（单位：Pa）

内层管芯计算结果见表 4.1。

表 4.1 内 层 管 芯 计 算 结 果

工况	结 果 描 述
工况一	内层管芯内侧直接出现压应力，环向预压应力表现为内侧大于外侧，极值为 0.12MPa
工况二	管顶和管底部位的应力明显增大；管腰和包角处应力略有减小。环向应力在内侧的变化幅度略大于外侧
工况三	管芯发生较明显变形，管道截面有压扁趋势，在放大变形下呈现出椭圆形，管道沿横向发生伸长而竖向产生缩短，管顶和管底的环向应力略有增大，而管腰、包角处环向应力则有所减小，同样是内侧增幅大于外侧。管芯各部位在内压作用下的环向应力都增大。管顶、管底进入受拉状态，最大拉应力为 2.61MPa。内外侧比较：管顶、管底内侧应力大于外侧，管腰、包角外侧应力大于内侧
工况四	内层管芯内外侧各部位应力变化趋势与自重、回填土作用下基本相同，变化均较小，可见水重对内层管芯的环向应力影响不大
工况五	在管顶管底内侧首先开始进入受拉状态，拉应力值达到 4.38MPa 和 3.72MPa，管底大于管顶，管腰及包角仍旧处于受压状态，压应力值分别为 1.48MPa 和 0.83MPa

4.3.2 外层管芯

外层管芯模型如图 4.3 所示。

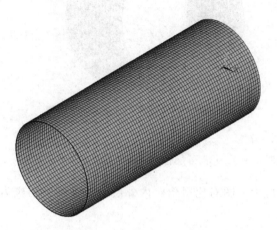

图 4.3 外层管芯模型图

研究部位为外层管芯的管顶、管底、管腰以及包角，各种荷载下的环向应力云图如图 4.4 所示。

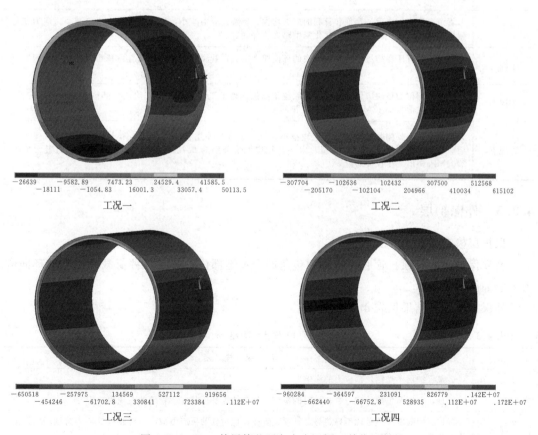

图 4.4 （一） 外层管芯环向应力云图（单位：Pa）

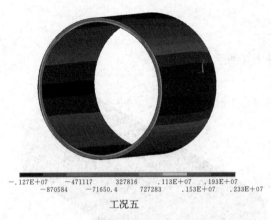

-.127E+07   -471117   327816   .113E+07   .193E+07
  -870584   -71650.4   727283   .153E+07   .233E+07

工况五

图 4.4（二） 外层管芯环向应力云图（单位：Pa）

与内层管芯的环向应力云图对比得出：内外层管芯各部位的应力变化趋势是一致的。外层管芯计算结果见表 4.2。

表 4.2   外层管芯计算结果

工况	结 果 描 述
工况一	初始阶段同样是仅在预应力作用下，使得外层管芯内、外侧均出现压应力，内侧环向预压应力数值较大，为 0.266MPa
工况二	管道自重施加之后，管顶和管底的应力增大，管腰处应力减小，包角处应力也略有减小。应力变化幅度都较小，内侧环向应力的变化幅度略大于外侧
工况三	外侧管芯有压扁趋势，管顶、管底的环向应力增大，管腰和包角处环向应力减小，同样是内侧增幅大于外侧
工况四	管芯各部位的环向应力均有增大，除包角部位仍处于受压状态外，其他三个部位均表现为拉应力，拉应力最大值为 1.12MPa，出现在管腰部位
工况五	外层管芯内外侧各部位应力变化均很小，可见水重对外层管芯应力影响不大。在瞬时内压作用以后，包角部位开始进入受拉状态，内外侧拉应力值分别为 0.72MPa 和 1.13MPa，拉应力最大值为 2.33MPa，出现在管腰部位

4.3.3 外保护层

保护层模型如图 4.5 所示。

研究保护层的管顶、管底、管腰和包角四个关键部位，其在各种荷载作用下的环向应力云图如图 4.6 所示。

外保护层计算结果见表 4.3。

表 4.3   外保护层计算结果

工况	结 果 描 述
工况一	砂浆保护层不受钢丝预应力的影响
工况二	管顶、管底和包角的应力由初始时的零应力状态转为受压状态；管腰处表现为拉应力
工况三	保护层伴随着管道呈现压扁趋势，管顶、管底、包角处的压应力减小，管腰处拉应力持续增大，拉应力数值为 1.39MPa

工况	结 果 描 述
工况四	保护层各部位的应力都明显变化，管顶和管底受压状态，压应力有所增长。包角部位从受压转化为受拉状态，拉应力值达到1.83MPa，管腰部位拉应力持续增长，可达到2.38MPa
工况五	四个部位全部表现为受拉状态，拉应力由大到小依次为：管腰、包角、管顶、管底，其中管腰处最大拉应力为4.57MPa，管底处拉应力为1.74MPa

图4.5 保护层模型图

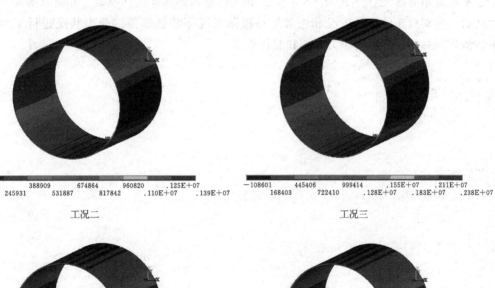

图4.6 混凝土保护层环向应力云图（单位：Pa）

4.3.4 结果分析

（1）正常运行工况下各部位的应力分析

在正常运行工况下，各层管芯均处于受压状态。管顶和管底截面沿径向由内而外应力逐步变小，内层管芯的内侧应力达到最大。比较而言，管底内侧应力大于管顶，管腰截面的应力沿径向由内而外逐渐增大。砂浆保护层在管腰处出现拉应力，拉应力值接近保护层抗拉强度，此处容易出现屈服破坏。

（2）正常运行极限工况下各部位的应力分析

在正常运行极限工况下，管顶和管底截面在内层管芯内侧混凝土首先出现拉应力，此时拉应力值较小还处于弹性范围内；管腰和包角部位在内外层管芯处仍处于压应力状态。砂浆保护层管腰部位的拉应力进一步加大，超过了砂浆的设计抗拉强度，开始出现屈服开裂。

4.4 本章小结

本章运用有限元软件 ANSYS 建立了 PCCP 管道的实体线性模型，并结合实际工况施加载荷，分别对正常运行工况和正常运行极限工况下特征部位的受力状况进行了对比分析。最后，总结了管体的应力分布和变化规律。

第5章

预应力损失下 PCCP 管道裂缝分析

在初步获得裂缝产生和发展规律的基础上，本章着手建立 PCCP 管道的裂缝模型，研究预应力损失不同阶段对管道各混凝土层环向应力的影响。

5.1 管道破坏机理

由于 PCCP 是由预应力钢丝、薄钢筒、水泥砂浆、混凝土、防腐材料等多种弹模不一的材料，通过物理工艺形成的复合管道，管体力学特性较为复杂，结构的整体性尤为重要。但受不同材料弹模不同等因素影响，各部分材料不同条件下变形不一致，都能直接影响 PCCP 管芯及外保护层的整体性，尤其是混凝土和水泥砂浆拌制、硬化过程中干缩徐变引起的微裂缝几乎不可避免，此外成品管道在运输、施工、运行等不同工况下，受温度变化、管身震动、空管埋置时间等因素影响，不同管段、不同部位、不同材料变形不一致引起管芯混凝土及钢筋保护层微裂缝发展，从而直接导致管道主要受荷部分预应力钢筋的预应力损失，长期带病工作，管道逐渐不具备设计初始条件下的极限承载能力，微裂缝发展至预应力损失急剧增加，剩余预应力不足以承担管内水压，内外管芯拉应力将快速发展，进而产生影响管道安全的局部开裂至爆管破坏。

5.2 混凝土裂缝模型的建立

工程中的钢筋混凝土结构很多都是带裂缝工作的，在承载能力极限范围内是允许混凝土有一定程度的开裂。PCCP 作为输水构件，在运行中因供水调度需要，开关控制阀门产生的水锤压力直接影响 PCCP 受力条件，特别是带裂缝的病险 PCCP 本身受力条件差，在重复极限荷载作用下安全运行堪忧，只有明确带裂缝病险 PCCP 极限承载运行条件，才能制定有效的维修保护及调度运行方案。但是由于裂缝对结构强度有着直接影响，为了尽可能明确管道的带缝工作状况，可以采用建立管道裂缝模型的方法来进行模拟。

有限元法对裂缝的处理主要采取以下方法：

（1）分布裂缝模型。这种数学模型的基本假设是认为出现裂缝以后，材料还是连续的，仍然可用处理连续体介质力学的方法来处理，即某一单元内的应力（实际上是某一代表点的应力）超过了开裂的应力，则认为整个单元（或这一应力点周围的一定区域）开裂，并且认为是在垂直于引起开裂的拉应力方向形成了无数平行的裂缝，而不是一条裂缝。由于不必增加节点和重新划分单元，很容易由计算自动进行处理，因而得到广泛的应用。该方法的优点是可以对能量释放过程和裂缝的张开角等进行细致的模拟，缺点是计算量偏大，对计算机性能要求高，耗费时间长。

（2）离散裂缝模型。离散裂缝模型是利用单元的材料本构模型来实现对裂缝的模拟，实际上是把混凝土裂缝随机离散到单元中，当应力值达到某一量值足以使混凝土开裂时，将单元在节点两侧分离开来使之互不联结，以此来模拟裂缝的扩展过程，以对材料的软化本构关系进行调整来模拟裂缝的影响，此方法不用进行网格的重划分，所以相对分离裂缝模型而言其计算工作量小，计算精度也能满足一般要求。

（3）断裂力学模型。断裂力学是研究带裂缝材料的断裂韧度，以及带裂缝的构件在各种条件时裂缝的扩展、失稳和断裂的规律。许多学者试图用断裂力学的方法来处理，研究活动十分活跃，但主要工作都集中于单个裂缝的应力应变场的分布问题，对于多个裂缝及其各个裂缝之间的相互影响问题，研究工作目前尚不成熟。

本书对比以上三种方法的优缺点，决定选用离散型裂缝模型来模拟裂缝。由于在上一章的线弹性模型中混凝土单元即是 SOLID65 单元，而且钢绞线和混凝土也是采取的组合式复合单元模型，原有模型可以在添加混凝土强度破坏准则和打开材料非线性开关后直接展开计算。

5.3 工况分类以及荷载施加流程

针对预应力的损失过程分为三种工况。

工况一：无预应力损失；

工况二：25%预应力损失；

工况三：50%预应力损失。

荷载施加依次为：施加预应力、管自重、回填土荷载、水重和内水压力。内水压力最小值取 0.8MPa，最大值取 1.3 MPa，荷载步递增值 0.1MPa，一共 10 个荷载步，见表 5.1。

表 5.1 荷 载 步

荷载步	1	2	3	4	5
荷载	预应力	管重	土荷载	水重	0.8MPa
荷载步	6	7	8	9	10
荷载	0.9MPa	1.0MPa	1.1MPa	1.2MPa	1.3MPa

5.4 计算结果及分析

对三种工况下的内层管芯、外层管芯、混凝土保护层依次计算取得其各自的环向应力结果，整理出其特征部位应力随荷载步变化的折线图。

5.4.1 内层管芯对比

工况一的内层管芯各部位环向应力曲线如图 5.1 所示。

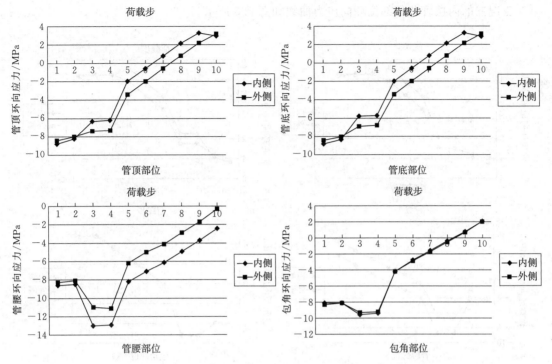

图 5.1　内层管芯第一种工况下的环向应力曲线

工况二的内层管芯各部位环向应力曲线如图 5.2 所示。

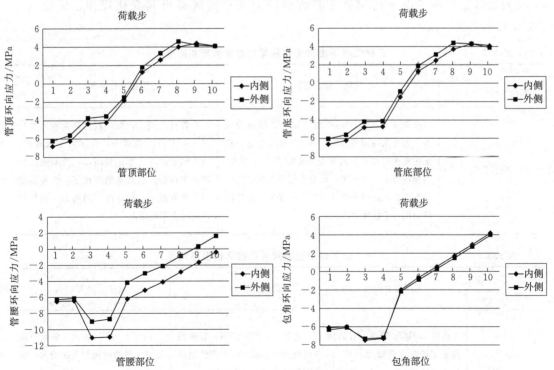

图 5.2　内层管芯第二种工况下的环向应力曲线

工况三的内层管芯各部位环向应力曲线如图5.3所示。

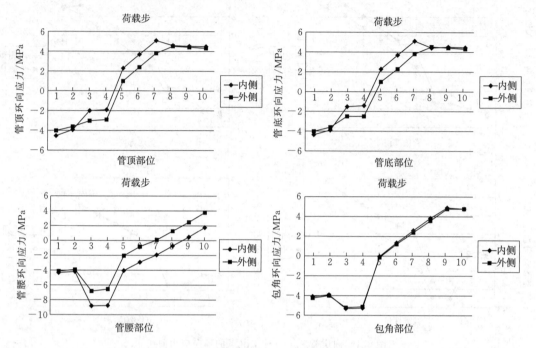

图 5.3　内层管芯第三种工况下的环向应力曲线

对比以上三种工况下内层管芯各部位应力变化曲线得出其变化规律，见表 5.2、表 5.3。

表 5.2　　　　　　　　　三种工况下混凝土内层管芯破坏情况共同点

部位 ＼ 工况	管顶、管底部位	管腰、包角部位
内层管芯	在管重的作用下环向应力增大，压应力减小，内外侧应力差值固定在0.3MPa左右；覆土荷载作用之后，内外侧环向应力迅速变大，内侧应力略大于外侧；水重作用下，环向应力略有增长；之后在内压的稳步增加下，各处的环向应力不断增大	在管重作用下，内外侧的环向应力都出现了一定程度的减小；施加覆土荷载后，内外侧环向应力都迅速减小，外侧的应力略大于内侧；在水重的作用下，内外侧的应力略有减小；随着内压的增加，内外侧环向应力不断增大

表 5.3　　　　　　　　　三种工况下混凝土内层管芯破坏情况不同点

部位 ＼ 工况	无预应力损失	预应力损失25%	预应力损失50%
内层管芯	内压1.2MPa管顶、管底内侧屈服破坏，管腰无拉应力，包角无屈服	内压1.1MPa管顶、管底的内外侧屈服破坏，管腰外侧出现拉应力，包角无屈服	内压1.0MPa管顶、管底屈服破坏；管腰外侧出现拉应力，包角无屈服

5.4.2 外层管芯对比

工况一的外层管芯各部位环向应力曲线如图 5.4 所示。

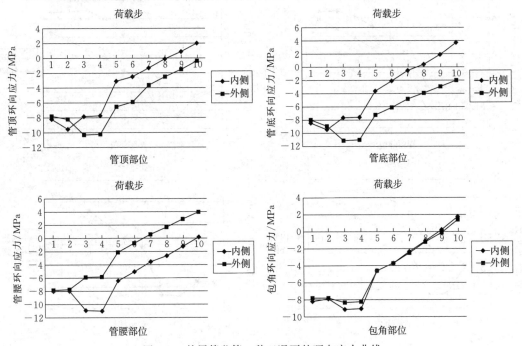

图 5.4 外层管芯第一种工况下的环向应力曲线

工况二的外层管芯各部位环向应力曲线如图 5.5 所示。

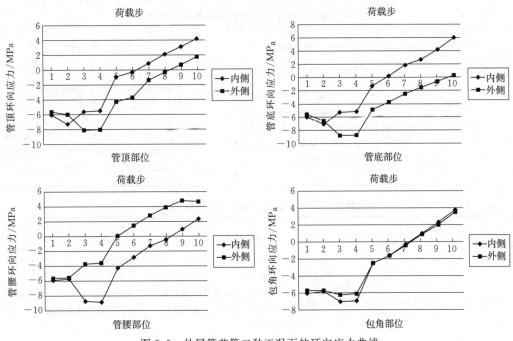

图 5.5 外层管芯第二种工况下的环向应力曲线

工况三的外层管芯各部位环向应力曲线如图 5.6 所示。

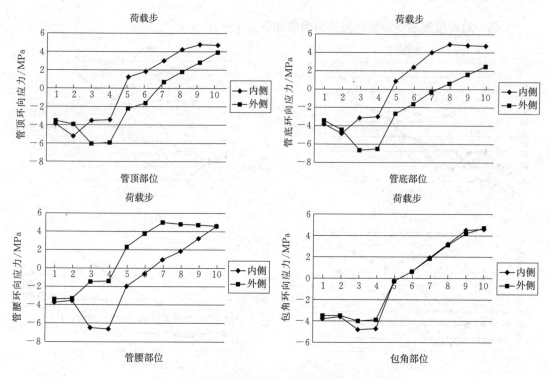

图 5.6　外层管芯第三种工况下的环向应力曲线

对比外层管芯部位在上述三种工况下环向应力得出其变化规律见表 5.4 和表 5.5。

表 5.4　　　　　　　三种工况下混凝土外层管芯破坏情况共同点

部位 ＼ 工况	管顶、管底部位	管腰、包角部位
外层管芯	在管重作用下，内侧环向应力减小，外侧环向应力则增大；施加回填土压后，内外侧应力反向增长即内侧增大外侧减小，应力曲线出现交点，内侧应力开始反超外侧；内压作用下，内外侧环向应力近乎线性增长	管重作用下，管腰内外侧环向应力增大，包角处内侧增大外侧减小；施加覆土荷载后，管腰和包角变化一致，内侧应力减小，外侧应力增大；内压作用下，管腰和包角的内外侧环向应力均不断增大，管腰外侧首先开始受拉，包角外侧紧随其后

表 5.5　　　　　　　三种工况下混凝土外层管芯破坏情况不同点

部位 ＼ 工况	无预应力损失	预应力损失 25%	预应力损失 50%
外层管芯	内压为 1.1MPa 时，管顶、管底出现拉应力，管腰无拉应力，包角无拉应力	内压大于 1.0MPa 时，管顶、管底内外侧陆续出现拉应力，内压达 1.2MPa 时，管顶外侧屈服	内压大于 1.0MPa 时，管腰、管底、管顶陆续屈服破坏

5.4.3 混凝土保护层

工况一的混凝土保护层各部位环向应力曲线如图 5.7 所示。

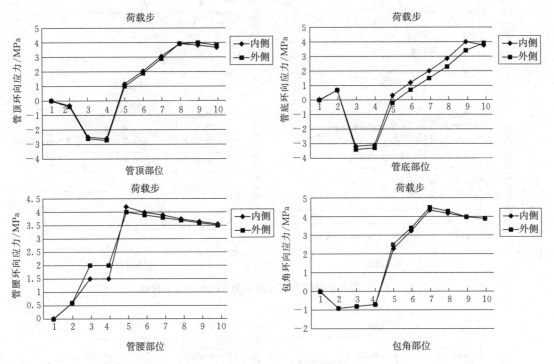

图 5.7 混凝土保护层在第一种工况下的环向应力曲线

工况二的混凝土保护层各部位环向应力曲线如图 5.8 所示。

工况三的混凝土保护层各部位环向应力曲线如图 5.9 所示。

对比以上三种工况下的混凝土保护层环向应力得出其变化规律见表 5.6、表 5.7。

表 5.6　　　　　　　　　　　　三种工况下混凝土保护层破坏情况共同点

工况部位	管顶、管底部位	管腰部位	包角部位
混凝土保护层	在管道自重的作用下，管顶处内外侧的环向应力均减小而管底处内外侧环向应力则增大；施加覆土荷载后，内外侧的环向应力减小导致管底由受压变成受拉；内压作用下，内外侧环向应力同步增大，受拉区域持续发展	管道自重作用下，内外侧应力增大；施加覆土荷载后，外侧应力增幅比内侧快，曲线有交叉，交叉点之后外侧应力超越内侧；内压作用后，延续原有的增长态势，混凝土开始屈服破坏	由于保护层厚度较薄，内外侧应力基本无差别，管重作用下环向应力减小；施加回填土荷载后，环向应力开始增大；逐步施加内压后，内外侧环向应力均增大，直至内外侧砂浆开始屈服开裂

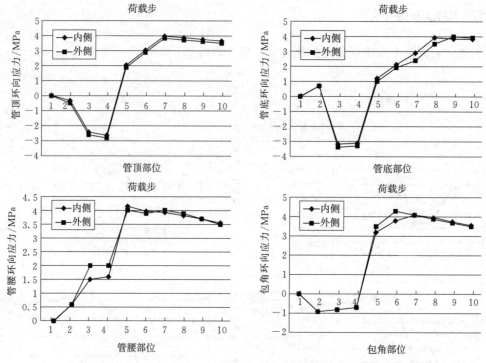

图 5.8　混凝土保护层在第二种工况下的环向应力曲线

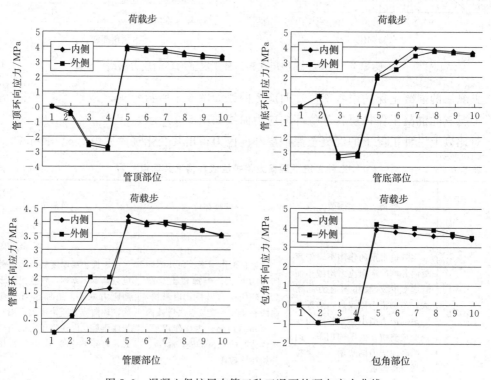

图 5.9　混凝土保护层在第三种工况下的环向应力曲线

表 5.7　　　　　　　　　　　　三种工况下混凝保护层破坏情况不同点

工况　　部位	无预应力损失	预应力损失 25％	预应力损失 50％
混凝土保护层	内压为 1.0MPa 时，包角部位屈服，内压为 1.1MPa 时，管顶屈服，内压为 1.2MPa 时，管底屈服	内压为 0.9MPa 时，包角部位屈服，内压为 1.0MPa 时，管顶屈服，内压为 1.1MPa 时，管底屈服	内压为 0.8MPa 时，包角部位屈服，内压一经施加管顶屈服，内压为 1.0MPa 时，管底屈服

5.5　本章小结

本章在已知 PCCP 管道在各荷载作用下应力分布规律的基础上改进有限元模型，通过对比预应力损失不同阶段下各混凝土层环向应力的变化，开展了预应力损失对各混凝土层裂缝影响的研究，得出如下结论：

（1）应力分布变化规律：应力分布变化规律仍遵循第 4 章的研究结果。内层管芯的内外侧与外层管芯的内侧相似，外侧管芯的外侧与混凝土保护层的内外侧相似。预应力使内外管芯产生环向预压应力，砂浆中不产生预应力；管道自重、覆土荷载、水重的作用下内外层管芯管顶、管底部位压应力减小，管腰部位压应力增大，外层管芯外侧及保护层则正好相反；在内压作用下，管体膨胀，各混凝土层均表现为压应力减小，拉应力增大。

（2）裂缝开展顺序：随着 PCCP 管道内压的不断增大，砂浆保护层管腰部位最早开始出现微裂缝，微裂缝一经产生就不断向两侧扩展，扩散至包角部位，引起包角部位屈服开裂，最后迁延至保护层的管顶、管底部位；随着内压的持续增大，内层管芯内侧混凝土的管顶和管底部位产生屈服开裂，裂缝沿着径向和环向分别向周围区域扩展，直至外层管芯外侧混凝土的管腰部位开裂，管道丧失承载能力。

（3）预应力损失的影响：预应力损失下，各层混凝土的屈服内压均有下降，由于混凝土保护层本身的屈服内压较小，故预应力损失对混凝土保护层的影响最为明显。在预应力损失达到 25％时，包角部位的屈服内压由无损失时的 1.0MPa 降至 0.9MPa，预应力损失达到 50％时，包角部位的屈服内压又由 0.9MPa 降至 0.8MPa。

（4）针对性修补加固措施：破坏初始阶段只有保护层部位出现裂缝，可只对混凝土保护层采用高强度非收缩性砂浆来进行修补。预应力损失较大阶段或者钢绞线出现局部断丝时，则需要利用钢带和高强螺栓组合来补充局部预应力进行修补。

第 6 章

地下埋管 PCCP 在地震作用下的边界选择

当下学者研究最多的是对于地下结构的静力分析,对 PCCP 的开裂研究也仅是简单工况的说明,对于地下结构动力特性的研究进展缓慢,研究地震作用下的结构动力特性分析也很少。在地震作用下,如果采取刚性地基处理动力问题,因为无限地基具有能量辐射效应的特性,无法真实模拟动力情况,这种简单边界的假定不尽合理,所以本章将首先简单对当下静力作用下 PCCP 在实际运行期的开裂问题进行总结分析,然后详细对比不同人工边界条件下地下埋管 PCCP 在地震作用下的地震响应,为后续章节模型建立相关内容做铺垫。

静力作用下 PCCP 的裂缝开展顺序:当 PCCP 管道的内压不断增大时,砂浆保护层管腰部位最早出现微裂缝,裂缝一旦出现就将不断向两侧延伸,直到管腰的包角部位,进而将引起包角部位的屈服开裂,最后迁延至保护层的管顶、管底部位;随着内压的不断增大,内层管芯的内侧混凝土上的管顶和管底部位产生屈服开裂,裂缝沿着径向和环向两个方向分别向四周区域扩展,直至外层管芯外侧混凝土的管腰部位开裂,此时管道将丧失承载能力,进入破坏状态。

上文对于静力分析的简要说明仅是动力分析的一个过渡阶段,通过分析静力作用下地下埋管 PCCP 实际运营状态时开裂的相关特性,做出一些实际工程上的补救措施,为后续工程实际做铺垫。下文将详细说明不同人工边界条件下的地下结构边界处理问题的选择。

6.1 地下埋管 PCCP 的边界处理

本书分析简单边界、黏性边界和等效黏弹性边界这三种不同人工边界条件下,地下埋管 PCCP 的动力响应,进而选择出更适合的人工边界。相应的三种人工边界处理的基本思想如下所述。

简单边界处理办法是将结构的上部覆土设为自由边界,土体的左右两边支撑为侧向链杆,地基部分为铰支座固定。黏性边界处理上用 Combin14 单元模拟。等效黏弹性边界即等效的二维一致黏弹性边界通过在已建立的有限元模型的边界上,沿法向延伸一层相同类型的单元(本文是 Plane42),并将外层边界固定,通过定义等效单元的材料性质使其作用等价于一致黏弹性人工边界单元。下面将具体说明黏性边界处理思想和等效黏弹性边界。

(1)黏性边界处理的基本思想是:由于地震波的逸散会导致结构能量损失,同时对土体动力性质有影响。这是在黏性边界选用上必须考虑的内容,使得黏性边界在计算范围上与简单边界处理上相比可以选用较小值。实质是在人工边界上设置阻尼器,目的是吸收传播的能量,即通过阻尼器生成的阻尼力以等效节点力的形式施加在人工边界节点处,有限元软件中实现的方法即在外部人工边界的节点上施加弹簧－阻尼器单元，并输入刚度系数和阻尼系数。本书就是通过选用 Combin14 单元来模拟人工边界的切向和法向弹簧阻尼元件，通过 APDL 语言编写命令流实现在计算区域统一施加边界条件。具体实现理论依据：选择一根均匀的半无限长直杆，通过分析直杆上任意一无限微元建立轴向变形的动力平衡方程。设沿杆轴方向为 x 轴，微元上点的轴向位移为 $u(x)$，则其轴向变形的一维波动方程可表示为

$$\frac{\partial^2 u(x)}{\partial^2 t} = \frac{E}{\rho} \frac{\partial^2 u(x)}{\partial x^2} \tag{6.1}$$

式中　E——杆的弹性模量；

　　　ρ——杆的质量密度；

　　　t——时间。

设沿着杆 x 轴的正方向传播的任意波的形式为 $u(x, t) = f\left(t - \frac{x}{C_b}\right)$，其中 C_b 为波的速度，波的振幅为常数。对上式针对 x 求导，可得应变 ε 和应力 σ 值，即

$$\varepsilon(x,t) = \frac{\partial u}{\partial x} = -\frac{1}{C_b} f'\left(t - \frac{x}{C_b}\right) \tag{6.2}$$

$$\sigma(x,t) = E\varepsilon(x,t) = -\frac{E}{C_b} f'\left(t - \frac{x}{C_b}\right) \tag{6.3}$$

求波在微元段某一点处 x_b 上的传播速度需要对运动方程进行时间求导，根据动力平衡方程的特性值对于时间的求导和对 x 的求导形式是一样的，即

$$\frac{\partial u}{\partial t}(x_b,t) = f'\left(t - \frac{x}{C_b}\right) \tag{6.4}$$

通过比较公式（6.3）与式（6.4），点 x_b 处的应力和该点的速度的关系为

$$\sigma(x_b,t) = -\frac{E}{C_b} \frac{\partial u}{\partial t}(x_b,t) = \rho C_b \frac{\partial u}{\partial t}(x_b,t) \tag{6.5}$$

通过动力平衡方程可以得出，对于一般无限长的直杆，若将其在杆轴上一点 x_b 处截断，然后在该点上施加阻尼系数 $C = \rho C_b$ 的黏性阻尼后，便可得到与式（6.3）相同的动力。这说明在一维波动情况下，在人工边界上施加相应的黏性边界条件后，就可以消除由于截断而在人工边界上产生的反射波，因而可以较为精确地模拟波由近场向远场的传播。

Lysmer 等提出的在边界上的黏性正应力 σ 和剪应力 τ 为

$$\sigma = a\rho v_p \dot{\omega} \tag{6.6}$$

$$\tau = b\rho v_s \dot{u} \tag{6.7}$$

式中　$\dot{\omega}$、$\dot{u}$——介质沿边界的法向和切向的速度分量；

　　　v_p、v_s——入射波的压缩波和剪切波的波速；

　　　a、b——依据波的反射和折射理论加以确定。

相应的阻尼系数为

$$C_p = \rho v_p, \quad C_s = \rho v_s \tag{6.8}$$

由弹性力学可得，波的传播速度为

45

$$v_p = \sqrt{\frac{1-\mu}{\rho(1+\mu)(1-2\mu)}E}, \quad v_s = \sqrt{\frac{E}{2\rho(1+\mu)}} \tag{6.9}$$

本书中选用 Combin14 单元来模拟，令 $k=0$ 去掉其弹簧功能，仅利用其阻尼器功能。

（2）等效黏弹性即等效的一致黏弹性边界通过选用普通的有限元单元来实现，然后将边界固定即可。实现的依据为：根据刘晶波等人的研究对于二维平面问题中选用等效的一致黏弹性边界能较精确地模拟黏弹性边界，可以实现精度要求。具体思想为：根据刘晶波等的研究提出的等效的黏弹性人工边界单元，它具有与集中黏弹性人工边界相同的计算精度，并且更易于实现。人工边界模型如图 6.1 所示，接下来针对本书选用的单元具体说明。

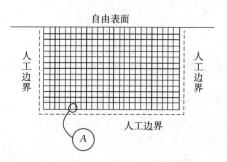

图 6.1　人工边界模型

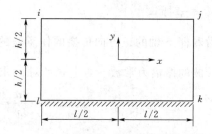

图 6.2　四边形有限元单元

用四节点矩形单元来模拟二维一致黏弹性边界，如图 6.2 所示，单元的位移形函数为

$$\begin{pmatrix} N_i & N_j \\ N_k & N_l \end{pmatrix} = \begin{bmatrix} \frac{1}{4}\left(1-\frac{2x}{l}\right)\left(1+\frac{2y}{h}\right) & \frac{1}{4}\left(1+\frac{2x}{l}\right)\left(1+\frac{2y}{h}\right) \\ \frac{1}{4}\left(1+\frac{2x}{l}\right)\left(1-\frac{2y}{h}\right) & \frac{1}{4}\left(1-\frac{2x}{l}\right)\left(1-\frac{2y}{h}\right) \end{bmatrix} \tag{6.10}$$

式中　i、j、k、l——单元上的节点；

　　　　l——单元的长度；

　　　　h——单元厚度。

当单元厚度较小时，结构单元的等效刚度矩阵为

$$[k] = \frac{l\rho}{6h} \begin{bmatrix} 2C_s^2 & 0 & C_s^2 & 0 \\ & 2C_p^2 & 0 & C_p^2 \\ & & 2C_s^2 & 0 \\ & & & C_p^2 \end{bmatrix} \tag{6.11}$$

式中　C_s、C_p——S 波波速，P 波波速；

　　　　ρ——结构的质量密度。

由 S 波和 P 波的波速的定义知

$$\rho c_s^2 = G, \quad \rho c_p^2 = \frac{E(1-\upsilon)}{(1+\upsilon)(1-2\upsilon)}$$

式中　E、G、υ——材料的弹性模量、剪切模量和泊松比。

经过相应推导知等效的弹性模量 $\widetilde{E}$ 和剪切模量 $\widetilde{G}$，等效泊松比 $\widetilde{\upsilon}$ 分别为

$$\widetilde{E} = \alpha_N h \frac{G}{R} \frac{(1+\widetilde{\upsilon})(1-2\widetilde{\upsilon})}{(1-\widetilde{\upsilon})}$$

$$\widetilde{G} = \alpha_T h \frac{G}{R} \tag{6.12}$$

$$\widetilde{\upsilon} = \begin{cases} \dfrac{\alpha-2}{2(\alpha-1)} & \alpha \geqslant 2 \\ 0 & 其他 \end{cases}, \qquad \alpha = \frac{\alpha_N}{\alpha_T}$$

式中 R——波源到人工边界点的距离；

α_N、α_T——人工边界参数，在二维问题分析中 $\alpha_N = 0.35 \sim 0.65$，$\alpha_T = 0.8 \sim 1.2$。

结构单元的等效阻尼矩阵为：设与刚度相关的阻尼系数为 η，取其为切向和法向刚度系数的平均值，即

$$\eta = \frac{\rho R}{2G}\left(\frac{c_s}{\alpha_T} + \frac{c_p}{\alpha_N}\right) \tag{6.13}$$

等效阻尼矩阵为 $[\widetilde{C}] = [\widetilde{\eta}][\widetilde{K}]$，代入式（6.13），即可得阻尼矩阵。等效黏弹性人工边界单元的所有等效物理参数即可唯一确定。

6.2 对比不同边界条件下 PCCP 的地震响应

考虑地震作用的影响，对于地震波，只要正确选择地震动的三要素，就可以通过时程分析较真实地反映未知的地震波。

选用 EL - Centro 波，选取对象为河南省南阳市，属于Ⅶ度设防区，多遇地震下时程最大值为 $0.035g$，故将 EL - Centro 波峰值进行调整，取南北向地震加速度记录，保持其频率不变，其余值做相应变化，对模型进行简单分析，取 20s 作为输入地震波时间，以满足地震波输入的要求，则调幅后的地震波加速度时程曲线如图 6.3 所示。

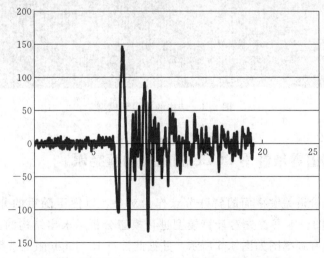

图 6.3 调整后的 EL - Centro 波的加速度时程曲线

对比简单边界、黏性边界和等效黏弹性边界下结构在地震作用下的响应，选取的模型基本参数见表 6.1。

表 6.1 模型参数情况表

模型参数	值	模型参数	值
场地条件	粉土场地	钢筒厚度/mm	1.5
上部覆土厚度/m	3	保护层厚度/mm	30
管道半径/m	2.0	垫层厚度/mm	200
内层混凝土厚度/mm	55	钢筒弹模 E_s	2.068×10^{11}
外层混凝土厚度/mm	53.5	混凝土弹模 E_c	3.25×10^{10}

钢筒根据其与混凝土的弹性模量之比 $\alpha = \dfrac{E_s}{E_c} = \dfrac{2.068 \times 10^{11}}{3.25 \times 10^{10}} \approx 10$，等效为混凝土将结构厚度扩大 10 倍，即实际 ANSYS 模型中钢筒的厚度为 15mm。模型的横向计算范围以 10m 为一个间隔，取为 30~80m，材料参数见表 6.2，结构的有限元模型如图 6.4 所示。

表 6.2 模型相应材料参数表

材料名称	密度/(kg/m³)	弹性模量/MPa	泊松比
混凝土	2323	3.25e4	0.167
粉土	1871	5.8e1	0.344

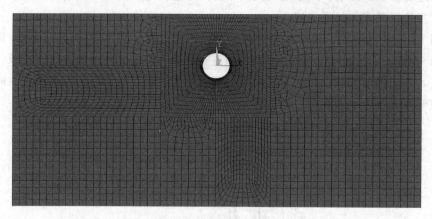

图 6.4 结构的有限元模型

6.3 对比不同边界条件下 PCCP 的地震响应结果

在分析中选择管道关键截面的特殊节点作为对象，以便于随后的分析与研究。如图 6.5 所示管道截面图。本书首先对计算模型进行模态分析，求出结构的前 6 阶自振频率，下面列出结构的固有频率图如图 6.6 所示，并据此计算 Rayleigh 阻尼系数 α、β，然后进行动力时程分析。

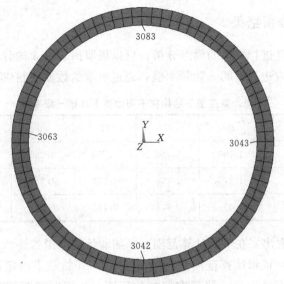

图 6.5　管道截面图

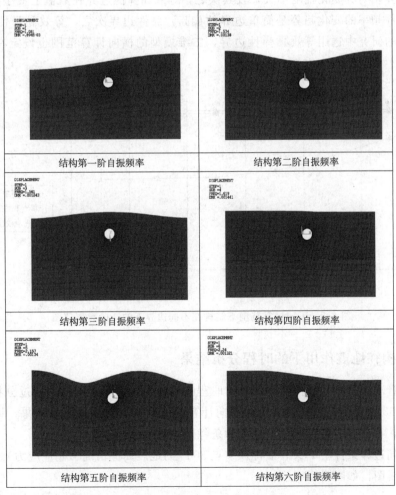

图 6.6　结构的固有频率

6.3.1　结构模态分析结果

经过 ANSYS 软件进行结构的模态分析，可以提取出表 6.3 的计算结果，表示在不同计算范围下结构在相应边界下的一阶频率值，通过提取的数据绘制成曲线图。

表 6.3　　　　　　不同计算范围下结构在不同边界下其第一频率值　　　　单位：Hz

计算范围/m		30	40	50	60	70	80
边界条件	简单边界	1.298	1.295	1.290	1.289	1.287	1.284
	黏性边界	1.275	1.270	1.261	1.259	1.254	1.251
	等效黏弹性边界	1.059	0.908	0.795	0.742	0.734	0.728

通过图 6.7 可以看出，在不同计算范围下，随着计算范围的逐渐增大，等效黏弹性边界的数值在不断降低，直到计算范围达到 60m 时候，开始趋于稳定；而简单边界和黏性边界在不同计算范围下结构的一阶频率值变化不明显；同时整观图像，简单边界数值最高，黏性边界相对其变化幅度不大，较其次之，等效黏弹性边界在数值上最小，也就是说三种边界条件频率的变化趋势是简单边界的最高，黏性边界次之，等效黏弹性边界最低。因此在随后的研究中选用等效黏弹性边界，二维模型的横向计算范围也设定在 60m 更为合理。

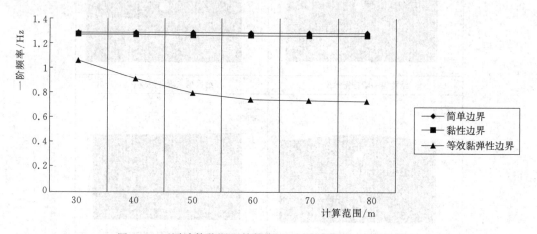

图 6.7　不同计算范围下结构在不同边界下的一阶频率值图

6.3.2　结构在地震作用下的时程分析结果

地下埋管 PCCP 在地震作用下的动力时程响应结果如表 6.4 所示。通过分析 PCCP 的特殊节点 3063 处在不同边界下结构的横向计算范围变化下的地震响应结果，即响应应力和响应位移，得出后续研究所应该选择的条件即等效黏弹性边界。

（1）不同边界条件下 PCCP 上特殊节点 3063 的地震反应情况（响应应力）。

相应曲线图，如图 6.8 所示。

表 6.4　　　　　不同边界条件下 PCCP 上特殊节点 3063 的地震反应情况　　　单位：MPa

边界条件	计算范围	30	40	50	60	70	80
简单边界	最大拉应力	2.29	2.29	2.30	2.31	2.32	2.33
	最大压应力	−3.01	−3.02	−3.02	−3.02	−3.05	−3.05
黏性边界	最大拉应力	2.69	2.79	2.89	3.01	3.19	3.25
	最大压应力	−3.39	−3.45	−3.60	−3.71	−3.81	−3.92
等效黏弹性边界	最大拉应力	2.51	2.70	2.75	2.85	2.90	2.94
	最大压应力	−3.30	−3.49	−3.59	−3.65	−3.78	−3.83

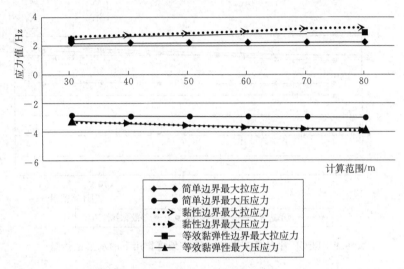

图 6.8　不同边界下管段特殊节点 3063 处在地震作用下的响应应力（单位：MPa）

通过图 6.8 可以看出，简单边界的最大拉应力和最大压应力基本不随计算范围的变化而变化，并且在三种边界中数值是最大的。黏性边界和等效黏弹性边界的最大应力值均随着计算范围的增大而增大，但是黏性边界的变化幅度比等效黏弹性的大，等效黏弹性边界在计算范围趋于 60m 时基本不再变化。在模型处理上，虽然简单边界时最易实现，但是从目前的研究结果看，它的动力响应应力基本不随计算范围的变化而变化，这种现象与实际有很大出入，因此不选此类边界。

（2）不同边界条件下 PCCP 上特殊节点 3063 的地震反应情况（响应位移）。

表 6.5　　　　　不同边界条件下 PCCP 上特殊节点 3063 的地震反应情况　　　单位：MPa

边界条件	计算范围	30	40	50	60	70	80
简单边界	最大拉应力	2.29	2.29	2.30	2.31	2.32	2.33
	最大压应力	−3.01	−3.02	−3.02	−3.02	−3.05	−3.05
黏性边界	最大拉应力	2.69	2.79	2.89	3.01	3.19	3.25
	最大压应力	−3.39	−3.45	−3.60	−3.71	−3.81	−3.92
等效黏弹性边界	最大拉应力	2.51	2.70	2.75	2.85	2.90	2.94
	最大压应力	−3.30	−3.49	−3.59	−3.65	−3.78	−3.83

通过表 6.5 和图 6.9 可知：在不同的计算范围下，简单边界在地震作用下的水平位移基本保持直线形式，变化很小，而黏性边界和等效黏弹性边界均随其增大而增大，但是黏性边界在计算范围已经达到 80m 时仍未稳定，等效黏弹性边界在计算范围趋于 60m 时已经稳定。这与目前学术领域对于地震分析的情况基本一致，也证明了简单边界下在处理动力分析中不适合，黏性边界因其自身因素在对于地震波的吸收上不像黏弹性边界具有使地震动能量向无限远域逸散的特性，因此黏弹性边界即本书中的等效黏弹性边界更符合实际情况。从上述的分析中可以得出本书选择等效黏弹性边界即等效的一致黏弹性边界处理结构的模型，在计算的横向范围上较小，同时计算结果更快地趋于稳定，更符合动力分析的要求。

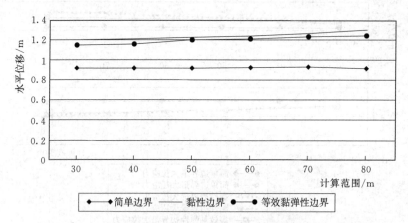

图 6.9 PCCP 管道特殊节点 3063 在地震作用下的水平位移图

6.4 本章小结

本章通过 ANSYS 有限元软件建立地下埋管 PCCP 模型，通过施加地震波 EL - Centro 波，分析结构在不同人工边界下的地震响应，得到结构的模态分析结果和相应的动力响应结果：

（1）从结果的数值上看，简单边界在地震作用下的结构响应位移值最小，也最稳定，但是由于在动力分析中，存在能量的吸收和波的折射、散射等，这种变化不符合实际。在不同的计算范围下，简单边界的响应位移基本没有变化，这种约束在结构的动力特性分析中不推荐使用。

（2）从结果变化的趋势上看，等效黏弹性边界考虑了散射波的辐射效应以及地震波的波动在入射上的幅值和相位的变化，结果表明等效黏弹性边界在不同的计算范围下变化幅度更快，趋于稳定最明显，所以在后续研究结构动力分析中建议使用等效黏弹性边界，其在模型建立上相对其他人工边界也更方便。

第 7 章

地下埋管 PCCP 的地震响应影响因素分析

本章将根据地下埋管 PCCP 在地震作用下考虑地震波的时间效应和由场地局部效应带来的空间效应产生的地震响应，针对不同的地震影响因素对地下结构埋管 PCCP 进行动力分析。

本章使用 ANSYS 分析动力问题的基本思路是：第一步，对结构进行模态分析，在进入 ANSYS 动力分析前首先进行静力分析形成结构刚度矩阵和质量矩阵，然后再进行动力分析，在模态分析中根据所得到的第一和第二阶结构频率求出 Rayleigh 阻尼系数 α 和 β，$\xi_1 = \dfrac{\alpha}{2\omega_1} + \dfrac{\beta\omega_1}{2}$，$\xi_2 = \dfrac{\alpha}{2\omega_2} + \dfrac{\beta\omega_2}{2}$，其中 ω_1、ω_2 分别为结构第一和第二阶自振频率，ξ_1、ξ_2 分别为结构在第一和第二阶振型下的阻尼比；第二步，进行动力时程分析；第三步，选择图 6.3 中 PCCP 特殊节点 3063 进行分析。

7.1 不同场地对结构地震响应的影响

7.1.1 不均匀场地与均匀场地对比

本阶段研究采用纵向反应位移法简化计算，引入弹性地基梁思想，将地震波的地基位移作为已知量，求解出管道在不均匀场地下的最大应力。

管道直径 4m，埋深 3m，壁厚 0.15m。土体的物理参数见表 7.1，采用输入地震波 EL-Centro 波进行反应位移法简化计算。输入前，需要将地震波地震时记录的位移波进行缩小调整，使其地面的水平位移幅值为 5.12cm，竖向的位移幅值为 2.8cm，取前 20s 的记录输入，时间间隔为 0.02s。

表 7.1　　　　　　　　　　　　　　土 体 的 物 理 参 数

种类	弹性模量 E/MPa	剪切模量 G/MPa	密度 ρ/(kg/m³)	泊松比 ν
黏土	47.93	35.89	1580	0.35
粉砂	177.97	68.45	1960	0.34
片磨岩	2030.00	700.00	2800	0.45

管线通过的场地条件如图 7.1 所示，计算结果见表 7.2。

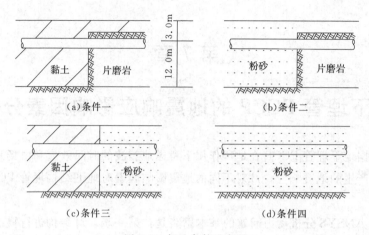

(a)条件一   (b)条件二

(c)条件三   (d)条件四

图 7.1　场地条件示意图

表 7.2		计 算 结 果		单位：MPa
场地条件	条件一	条件二	条件三	条件四
$\sigma_{拉\,max}$	0.2371×10^{3}	0.2148×10^{3}	0.1375×10^{3}	0.1023×10^{3}
$\sigma_{压\,max}$	-0.1564×10^{3}	-0.1369×10^{3}	-0.8074×10^{3}	-0.6137×10^{3}

　　结果表明：不均匀场地中埋设的 PCCP 的地震响应大于均匀场地中埋设的管线，而且场地越不均匀，地下管线的应力越大。场地条件一、条件二形式下不均匀场地中埋设的管线其地震响应，同样由软弱土体向坚硬土体过渡的条件下，出现了黏性土体结构的最大拉压应力值均大于粉砂情况。对比场地条件一、场地条件二，在相同的黏土条件下随着过渡土体硬度的减弱，地下埋管 PCCP 的地震反应也在减弱，即土体结构越坚硬，其管道应力值越大，如图 7.2 所示。这些都与实际的震害调查结果是一致的。

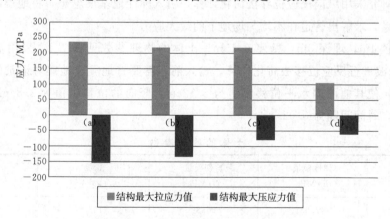

图 7.2　不均匀场地地下管道的地震响应

7.1.2　均匀场地下 PCCP 的地震响应

　　本阶段通过 ANSYS 软件建立有限元模型，保持管道数据不变，土体的物理参数见表

7.3 采用抗震动力分析中时程分析法进行计算和分析，结果如下。

表 7.3 土 体 的 物 理 参 数

种类	弹性模量 E/MPa	剪切模量 G/MPa	密度 ρ/(kg/m³)	泊松比 ν
粉砂	177.97	68.45	1960	0.34
粉土	58.00	21.64	1871	0.34
黏土	47.93	35.89	1580	0.35

（1）模态分析结构结果

通过表 7.4 中可以看出结构前 5 阶自振频率在不同的均匀场地条件下，还是有很大不同，变化情况也是比较明显的。结构在黏土场地下频率相对最低，表明了结构在地震作用下的周期相对最长，同时粉砂场地下结构的自振频率最高，周期也就最短。对于不同场地来说，也反映出结构在地震波作用下，地震动的空间变化特性，即局部场地效应中，由于局部土壤条件的差异而产生的特性，这些都和实际地震波传播特性相一致。

表 7.4 结构的前 5 阶自振频率值

各阶频率/Hz	1	2	3	4	5
粉砂	1.1080	1.1489	1.4025	2.0551	2.7812
粉土	0.7410	0.8456	0.9821	1.3226	1.7458
黏土	0.4069	0.4284	0.6002	0.8113	1.1342

（2）结构动力时程分析结果

结果表明：在不同场地条件下，地下埋管受地震波作用结构的地震动响应不同，随着场地从粉砂到粉土再到黏土，结构峰值响应位移在逐渐增大，相应的结构最大拉应力和最大压应力也在逐渐增大，并且地下埋管在不同场地条件下的峰值水平位移变化明显（表 7.5）。应力和位移变化具有类似的规律，都随着土层由坚硬到软弱相继增大，这是因为在相对软弱的地基下，结构比较容易出现大的相对位移，同时软弱土层在受到地震作用时其自身容易破坏，这样就使得埋设在其中的管道更易受到破坏如图 7.3～图 7.6 所示。

表 7.5 不同场地条件下 PCCP 特殊节点 3063 处峰值水平响应位移 S 及其最大应力值

场地类型	粉砂	粉土	黏土
S/cm	0.42	1.20	1.64
$\sigma_{\text{拉 max}}$/MPa	2.34	3.05	3.89
$\sigma_{\text{压 max}}$/MPa	−3.15	−3.91	−5.59

地下埋设的 PCCP 相对于软弱土层，其自身刚度较大，当类似地震动荷载作用在其上时，自身承载能力较弱，更多的是需要土-管共同来承担，土-管相互作用表现得比较明显，软弱地基的自身变形大，导致管道自身要承受来自土-管整个系统变形带来

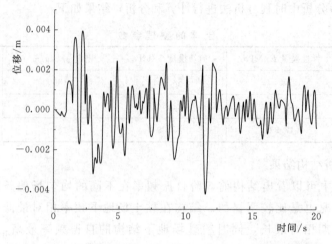

图 7.3　PCCP 截面节点 3063 在粉砂场地的时间水平位移曲线

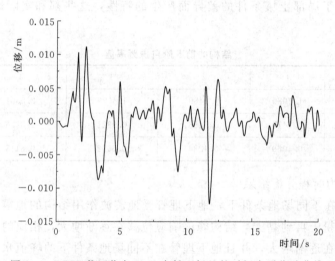

图 7.4　PCCP 截面节点 3063 在粉土场地的时间水平位移曲线

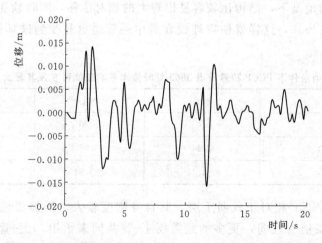

图 7.5　PCCP 截面节点 3063 在黏土场地的时间水平位移曲线

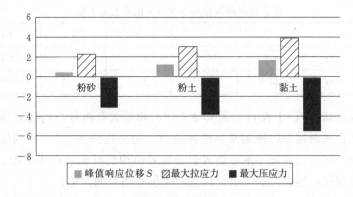

图 7.6 均匀场地地下埋设管道 PCCP 管节点 3063 的地震响应结果图

的外力，使其变形加大，不利于地下埋管的受力。在实际工程中，对于地下埋设管道，场地特征尤为重要，铺设垫层时应尽量选择坚硬土体，减少动荷载下的结构破坏。

7.2 地震波特性对 PCCP 地震响应的影响分析

本阶段在有限元法的基础上，使用 ANSYS 软件将平面管道沿管道轴向拉伸一定长度，输入地震波，将所需数据编入程序中进行不同地震波特性（入射角、位移峰值、加速度峰值）下结构的地震响应分析。

7.2.1 不同地震波入射角下 PCCP 的地震响应分析

取长为 100m 的 PCCP，管道其他参数不变，埋设在剪切波速为 68m/s 的均匀土层中。采用 EL-Centro 波入射，改变波的入射角方向，即地震波传播方向和管轴向的夹角。当斜入射时，地震波可以分解为两个正交的地震波，其中的一个需要从地下管道某处入射，然后沿着管道轴线方向传播，这个分项波可以引起管道各个截面的传播振动，另外一个分项波将沿着管轴垂直方向传播下去，进而引起地下管道各截面的同步振动。波在传入过程中首先出现杂波，然后出现体波，最后出现面波。在体波中周期长、振幅大、波速慢的是 S 波，它会在管道中产生弯曲应力，而周期短、振幅小、波速快的 P 波会使管道产生轴向应力，如图 7.7 所示。

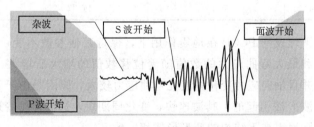

图 7.7 某地震波波形图

本例中选用的地震波依旧取前 20s，通过改变其入射角得到不同角度下管道的最大应力值，见表 7.6。

表 7.6			地震波不同入射角下 PCCP 的最大应力值			
入射角/(°)	0	10	30	50	70	90
最大轴向应力 σ /MPa	31.23	30.15	26.14	22.19	13.13	1.74
最大弯曲应力 σ /MPa	16.74	16.21	15.04	12.07	6.68	1.51

通过图 7.8 可知：PCCP 结构的最大轴向应力和最大弯曲应力均随着地震波入射角的增大而减小，并且逐渐接近，特别是当地震波的入射角达到 90°时（此刻地震波垂直于管轴）应力值最小。同时也验证了地震波入射角度对结构的反映会产生影响，对于与 PCCP 类似的地下埋设管道，地震波的入射方向是一个值得研究的对象。

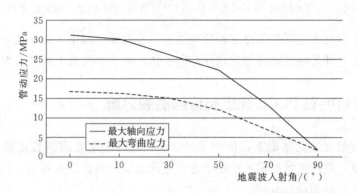

图 7.8　PCCP 在地震作用下管道应力与入射角的关系

7.2.2　不同地震位移峰值下 PCCP 的地震响应

取长为 100m 的 PCCP，管道埋设在剪切波速为 68m/s 的均匀土层中，保持管道和土的参数及地震波加速度峰值不变，地震波垂直入射，只改变波的位移峰值，得出地震波位移峰值对管道应力的影响（表 7.7）。

表 7.7	地震波位移峰值对管道应力的影响		
位移峰值/m	0.01	0.02	0.03
最大轴向应力/MPa	15.07	31.25	47.43
最大弯曲应力/MPa	5.14	14.32	23.50

结果表明：地下埋设的 PCCP 在地震作用下，保持其他参数不变，只改变位移峰值，管的最大轴向应力和最大弯曲应力的数值随着位移数值的增大而增大，呈现线性变化规律，如图 7.9 所示并且轴向应力变化幅度比弯曲应力较大，原因是由于管的轴向振动主要是由地震波中的体波 P 波引起的，其波速快，变化周期短，进而使得管道轴向应力变化幅度提高。这些和实际地震波下结构的变形形式相一致。

7.2.3　不同地震加速度峰值下 PCCP 的地震响应

PCCP 取长为 100m，其他参数不变，管道埋设在剪切波速为 68m/s 的均匀土层中保

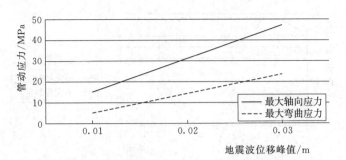

图 7.9　PCCP 管道应力与地震波位移峰值的关系

持管道和土的参数不变，保持地震波位移峰值不变，地震波垂直入射，只改变波的加速度峰值，得出地震波加速度峰值对管道应力的影响，见表 7.8。

表 7.8　　　　　　　　　　　　地震波加速度峰值对管道应力的影响

加速度 a	0.1g	0.2g	0.3g	0.4g	0.5g
最大轴向应力/MPa	13.72	13.72	13.72	13.72	13.72
最大弯曲应力/MPa	8.47	8.47	8.47	8.47	8.47

通过数据及图像显示可知：地下埋设管 PCCP 在地震作用下，其动应力不会随着波的加速度峰值的变化而改变，如图 7.10 所示。管道的最大轴向应力大于管道的最大弯曲应力，因此在地下管道抗震设计中，在管道中加入预应力是很有必要的，也为实际工程中加固提供了有利依据。

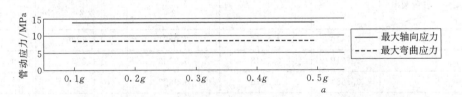

图 7.10　PCCP 在地震作用下管道应力与加速度峰值的关系

7.3　不同埋深对 PCCP 地震响应的影响分析

7.3.1　PCCP 在地震作用下的管道动应力和埋深的关系

地下管道埋设在地表以下的有限深度，若其他参数不变，PCCP 取长为 100m，管道埋设在均匀土层中，只改变管道的埋设深度，通过计算得出管道动应力与埋深的关系，如图 7.11 所示。

结果表明：PCCP 的轴向应力在埋深为 4m 之前有变化，且随深度增大而增大，但是随着埋深的逐渐增加，轴向应力基本没有变化，而弯曲应力基本上没有随着埋设深度的变化而变化。管道的动应力和埋深没有太大关系。

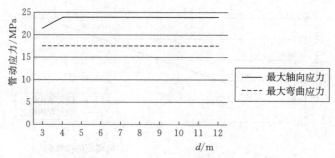

图 7.11　PCCP 在地震作用下的管道应力与埋深的关系

7.3.2　不同埋深下 PCCP 在地震作用下的时程分析

模型基本情况：在埋深分别为 3m、4m、5m、6m 时，管道的地震响应。PCCP 的混凝土管芯厚度设定为 320mm，整个模型采用平面结构，模型下边界距离上边界为 20m，上边界设为自由界面，边界采用等效黏弹性边界，整个横向计算范围为 60m，场地设定为粉土，在 ANSYS 单元选择中混凝土和土体选择 Plane42，预应力钢丝采用 link1，地震波选择 EL-Centro 波，前 20s 其时间间隔设定为 0.02s。

（1）在模态分析中，结构在不同埋深下的前 5 阶自振频率值。从表 7.9 中可以得出如下结论：①不同埋深设定下，结构的自振频率有变化，但变化幅度不大；②随着埋设深度的增加，结构自振频率也在增长，即埋设深度浅时，结构频率较低，自振周期较长。

表 7.9　　　　　　　　　不同埋深下结构前 5 阶自振频率值　　　　　　　　　单位：Hz

各阶频率 埋深/m	1	2	3	4	5
3	0.7410	0.8456	0.9821	1.3226	1.1458
4	0.7619	0.7948	0.9062	1.2764	1.7548
5	0.7684	0.8179	0.9692	1.3051	1.8724
6	0.7865	0.9862	1.0543	1.3944	1.9867

（2）结构动力时程分析下，PCCP 特殊节点 3063 处水平位移峰值与埋设深度的关系见表 7.10，从表中可以得出随着埋深的逐渐加大，管道的水平位移峰值越来越小，但变化幅度不明显。结构动力时程分析下，PCCP 特殊节点 3063 处最大拉应力和最大压应力随埋深变化情况见表 7.11。

表 7.10　　　　不同埋深下 PCCP 节点 3063 在地震作用下的水平位移峰值

埋深/m	3	4	5	6
水平位移峰值/cm	1.24	1.21	1.19	1.15

表 7.11　　　　　不同埋深下 PCCP 节点 3063 在地震作用下的应力值

埋深/m	3	4	5	6
$\sigma_{拉max}$/MPa	2.94	2.98	2.79	2.67
$\sigma_{压max}$/MPa	−4.17	−3.87	−3.68	−3.04

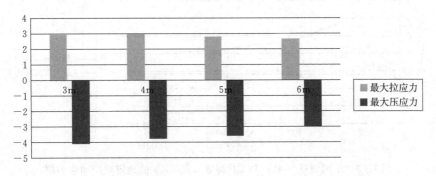

图 7.12　不同埋设深度下 PCCP 节点 3063 地震响应结果图

由图 7.12 的分布直方图可以得出：结构随着埋深的逐渐加大，节点处拉压应力值均在逐渐减小，这是因为在地震动传播过程中，上部覆盖的土层对管道自身起到约束作用，埋设深度越大，约束力越大，结构承受来自系统本身的外力越小，使得结构更加安全。但是通过对于有限长度的地下埋管在地震波作用下结构最大轴向应力的变化可知，当埋深达到 4m 以后，再增加上部覆土的深度作用不大，所以在实际工程中，埋深深度根据场地条件等其他因素的不同有所不同，但并非越深越好。

7.4　不同 PCCP 管壁厚度对结构地震响应的影响分析

7.4.1　在地震作用下 PCCP 管道的动应力与管壁厚度的关系

PCCP 取长为 100m，管道半径不变，管道埋设在均匀土层中。仅改变管壁厚度，取管道厚度分别是 100mm、200mm、300mm、400mm 下，其他条件保持不变，可以得出 PCCP 在地震作用下，随着管壁厚度的改变，结构动应力的变化规律表 7.12。

表 7.12　　　　　　　　不同管道厚度下 PCCP 节点 3063 在地震作用下的应力值

管道厚度/mm	100	200	300	400
最大轴向应力/MPa	31.14	23.68	21.06	20.01
最大弯曲应力/MPa	13.79	13.98	14.14	14.28

由图 7.13 可知：当保持管道半径不变且只改变管壁厚度时，管道的轴向应力随着管道壁厚的增加而减小，而弯曲应力略有增加但变化很小。当地震来临时，较软弱的地下结构在地震作用下的运动基本完全依靠地基土的变形，地下结构与地基土间不会发生相对滑动。但是当结构坚硬即结构刚度较大时，其运动将不同程度地抵抗地基土的变形，从而使得地基和地下埋管的运动基本相同。改变管道厚度，使得地下埋管的刚度发生变化，所以地震波作用时结构的动应力将发生改变，这与实际地震发生时情况一致。

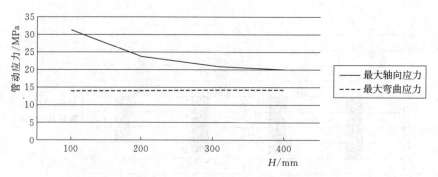

图 7.13　不同管道厚度下 PCCP 特殊节点 3063 的地震响应动应力图

7.4.2　不同管道厚度下 PCCP 在地震作用下的时程分析

既然管道厚度变化即 PCCP 的刚度发生变化会对管与土体的相互作用产生影响，本小节针对管壁厚 200mm、270mm、300mm 时 PCCP 的地震响应位移和响应应力，进一步分析在结构动应力趋于一致时管道厚度变化在地震作用下的响应。模型取埋设深度为 3m，下边界距离上边界 20m，管道内径 4m，上边界为自由地面，模型边界采用等效黏弹性边界，横向计算范围为 60m，场地为粉土，模型单元选取不变，地震波采用 EL－Centro，取前 20s，时间间隔为 0.02s。

（1）模态分析结果得出结构的前 5 阶频率。从表 7.13 可以看出，结构的自振频率并没有随管道壁厚的变化而改变。管壁厚改变即管道刚度改变，并不会对管-土体相互作用产生大的影响，即对其自振周期无影响。

表 7.13　　　　　　　不同管壁厚度下结构在地震作用下的自振频率　　　　　　　单位：Hz

各阶频率	1	2	3	4	5
管壁厚 200mm	0.7410	0.8456	0.9821	1.3226	1.7458
管壁厚 270mm	0.7410	0.8456	0.9821	1.3226	1.7458
管壁厚 300mm	0.7410	0.8456	0.9821	1.3226	1.7458

（2）动力时程分析结果如图 7.14、图 7.15 所示，管壁厚度变化时对结构响应位移无影响。通过表 7.14 可知，管壁厚度增大时结构的最大拉应力也在逐渐增大，但是最大压应力值却呈现下降趋势。这是因为 PCCP 刚度增加时，使得更多混凝土需要分担预应力钢丝的压应力，即管芯混凝土的初始压应变减小，拉应变急剧增加，造成响应应力变化趋势不同。从结构设计的安全角度出发，这种变化不是我们想要的，所以在实际工程设计中，不能盲目地仅增加结构的刚度或管道的厚度，而是建议适当减小管壁厚度，以利于安全。

表 7.14　　　　　　　不同管壁厚下 PCCP 的最大应力值

管壁厚度/mm	200	270	300
$\sigma_{拉\,max}$/MPa	2.37	2.49	2.68
$\sigma_{压\,max}$/MPa	−5.29	−4.67	−3.55

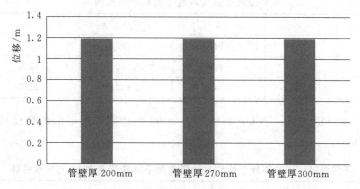

图 7.14　管壁厚度变化下 PCCP 的地震响应位移

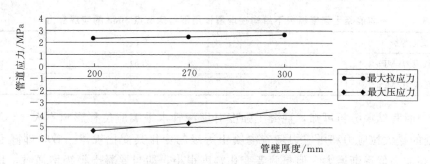

图 7.15　不同壁厚下 PCCP 在地震作用下的应力响应

7.5　不同混凝土强度等级对 PCCP 地震响应的影响分析

　　本节只考虑平面结构下 PCCP 在地震作用下，混凝土强度改变时结构的动力响应变化情况。模型取埋深为 3m，结构下边界距离上边界为 20m，管道半径为 2m，管芯混凝土厚度为 300mm，上边界为自由面，边界设定为等效黏弹性边界，横向计算范围为 60m，场地为粉土，混凝土和土体单元选择不变，预应力钢丝单元不变，地震波选取保持一致。选择的混凝土强度等级相关参数见表 7.15。

表 7.15　　　　　　　　　　　　不同混凝土强度等级相关参数

混凝土强度等级	弹性模量/MPa	泊松比 ν	密度/(kg/m^3)
C30	3.00×10^4	0.2	2500
C40	3.25×10^4	0.2	2500
C50	3.45×10^4	0.2	2500

　　（1）模态分析得出结构的前 5 阶频率值，从表 7.16 中得出结构的自振频率不随混凝土强度的变化而改变，混凝土强度对 PCCP 地下埋管的结构自振频率影响可以忽略不计。

表 7.16		不同混凝土强度等级下结构的自振频率			单位：Hz	
各阶频率	1	2	3	4	5
C30	0.7410	0.8456	0.9821	1.3226	1.7458
C40	0.7410	0.8456	0.9821	1.3226	1.7458
C50	0.7410	0.8456	0.9821	1.3226	1.7458

（2）动力时程分析结果，PCCP 特殊节点 3063 在地震作用下的响应位移和响应应力见表 7.17、表 7.18。

表 7.17　　不同混凝土强度等级下结构在地震作用下特殊节点 3063 的响应位移

混凝土等级	C30	C40	C50
响应位移/cm	1.164	1.163	1.161

表 7.18　　不同混凝土强度等级下结构在地震作用下特殊节点 3063 的响应应力

混凝土等级	C30	C40	C50
最大拉应力/MPa	2.71	2.81	2.94
最大压应力/MPa	−3.54	−3.75	−3.89

从动力时程结果分析可知，混凝土强度对埋深管水平响应位移影响不大。PCCP 的节点 3063 处的最大拉应力和压应力随着混凝土等级的变化其变化规律一致，即随着混凝土等级的升高应力值逐渐增大，但是两者变化幅度很小，即当混凝土等级增强时，增加了管的刚度，即结构单位变形能力在增强，但是响应位移基本不受影响，如图 7.16 所示。

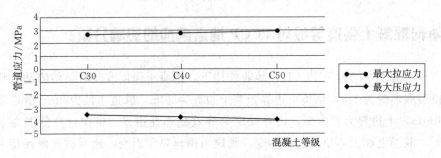

图 7.16　不同混凝土等级的 PCCP 在地震作用下的响应应力

7.6　本章小结

通过对地下埋管 PCCP 的动力分析，考虑地震波的时间效应和其局部场地效应即由于土层条件不同而产生的空间效应，得出管道在地震波的作用下产生的地震响应。现总结如下：

（1）通过对比不均匀场地和均匀场地下管道的地震反应，即比较管道动应力，可以得出与实际震害调查相一致的结论，即不均匀场地中埋设的地下管段的地震响应大于均匀场地中的地震响应，并且场地越不均匀，管道的地震响应即管线的动应力越大。在均匀场地下，PCCP 在地震作用下的动力分析结果表明，随着土层条件由硬到软（从粉砂到粉土再到黏土）的变化，结构峰值响应位移在逐渐增大，相应的结构最大拉应力和最大压应力也在逐渐增大，并且对于地下埋管在不同场地条件下峰值水平位移变化明显，应力和位移具有类似变化规律，都随着土层由坚硬到软弱相继增大，验证了结构在相对软弱的地基下，比较容易出现大的相对位移，同时当软弱土层受到地震作用时其自身易破坏，这就使得埋设在其中的管道更容易遭到破坏。

对地下结构在不同场地条件下的地震响应的结果进行分析可知，无论是不均匀场地还是均匀场地，软弱地基上埋设的管道都不利于抗震。地下埋设的 PCCP 相对于软弱土层刚度较大，地震动荷载若作用于上，自身承载能力较弱，更多的是需要土-管共同来承担，土-管相互作用表现得比较明显，软弱地基下其自身变形大，导致管道自身要承受来自土-管整个系统下变形带来的外力，使得管道变形加大，不利于地下埋管的受力。在实际工程中，场地特征对于地下埋设管道尤为重要。铺设垫层时应尽量选择坚硬土体，从而减少动荷载下结构的破坏。

（2）地震波的特性（入射角、位移峰值、加速度峰值）对 PCCP 的影响较大。地震波的入射角度改变时，结构地震响应也会改变，其规律是：结构的最大轴向应力和最大弯曲应力均随着地震波入射角的增大而减小，两者逐渐趋于一致。特别是当地震波垂直入射管道时，动应力值最小，所以对于地下管道来说，地震波作用时，入射角度产生的影响不容小觑。

地震波的位移峰值改变时，管的最大轴向应力和最大弯曲应力的数值随着位移数值的增大而增大，呈现线性变化规律，并且轴向应力变化幅度比弯曲应力较大。出现此种现象的原因是管的轴向振动主要由地震波中体波（P 波）引起，其波速快，变化周期短，进而使得管道轴向应力变化幅度较快。上述结论和实际地震波下结构的变形形式相一致。

地震波加速度峰值的变化对结构动应力几乎不产生影响。但是地下埋管的最大轴向应力要大于管道的最大弯曲应力，所以在地下管道中加入预应力对结构受力是有利的，对于抗震设计起到一定加固作用。

（3）改变埋设深度和管道厚度，对于地下的长直管道的最大轴向应力和最大弯曲应力的变化规律是：随着埋深的变化，结构的动应力几乎不变，即结构的动应力与管道埋深关系不大；但是，当管壁厚度变化时，管道的最大轴向应力会随着管道壁厚的增加而减小，而最大弯曲应力略有增加，但变化很小。

研究结果和实际是相符的。实际上通过已有的理论知识知道，当地震来临时，较软弱的地下结构在地震作用下的运动基本完全依靠地基土的变形，地下结构与地基土间不会发生相对滑动。但是对于结构形式坚硬即结构刚度较大时，其运动将不同程度的抵抗地基土地变形，从而使得地基和地下埋管的运动基本相同。当改变管道厚度即使得地下埋管的刚度发生变化时，在地震波作用下，结构的动应力将发生一定程度的小范围改变，这也说明在实际抗震设计中，对于地下结构上部覆土的深度和管道自身的厚度不可盲目地一味增加，否则只会带来经济上的不合理，对于实际施工要求也不利，这点值得注意。

（4）地下埋管 PCCP 在不同埋设深度、管壁厚度以及混凝土强度等级变化时，模态分析结果显示：结构在不同的埋设深度下，其自振频率有很小的变化，并且变化规律是随埋设深度的增加而增大；改变管道壁厚和混凝土强度等级时，结构的自振频率不再发生变化。究其原因，结构与土体之间的相互作用是其发生波动的原因，仅改变管道刚度，对管-土体系相互作用没有产生影响，所以在结构的自振频率变化上不会有所显示。

通过时程分析知，PCCP特殊节点3063处的水平位移随埋设深度的增加而减小，但变化的最大幅值仅为0.3％，并且结构的最大应力在埋设深度达到4m以后基本不再变化。管道壁厚对结构响应位移为零，但是随着管壁厚度增大，结构的最大拉应力在逐渐增大，反而最大压应力值却在下降。这是因为PCCP刚度增加时使得更多混凝土需要分担预应力钢丝的压应力，即管芯混凝土的初始压应变减小，拉应变急剧增加，造成响应应力变化趋势不同。从结构设计的安全角度出发，这种变化不是我们想要的，所以在实际工程设计中，不能盲目地增加结构的刚度或增厚管道的厚度。建议在以后的抗震设计中，对于地下埋管需要适当减小管壁厚度，才会偏于安全。混凝土强度对埋深管水平响应位移最大影响值仅为0.2％。PCCP的节点3063处的最大拉应力和压应力随着混凝土等级的变化其变化规律是一致的，即随着混凝土等级的升高应力值逐渐增大，但是两者变化幅度很小，即当混凝土等级增强时，增加了管的刚度，即结构单位变形能力在增强，但是响应位移基本不受影响。

第 8 章

PCCP 长输管道安全风险评价理论

8.1 PCCP 管道安全评价理论基础

8.1.1 风险的概念

关于风险的标准定义迄今为止在国际上并未达成一致。一般情况下，认为风险是关于危险事件发生的可能性大小及其事件一旦发生所造成严重后果的函数，即由于不确定的信息变化和决策的不准确性，导致危险事故发生后果与决策前预期风险目标产生误差的可能性。实际后果偏离预测目标越大，所造成的风险就越大。可由上述两个方面对风险偏差进行定义：①风险事件发生的概率；②风险事件发生所造成的后果[18]。因此，可将风险简单地认为是概率和风险后果严重程度的函数，可用以下的函数式表示：

$$R = f(P,L) \tag{8.1}$$

式中 R——风险值高低；

P——风险事件发生的概率；

L——事故后果严重程度。

从图 8.1 也可以将风险理解为实际结果与预期结果之间的差异。

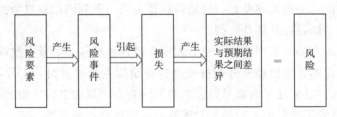

图 8.1 风险定义

8.1.2 风险分析的主要内容

风险分析是利用合理的方法推测未知信息，确认风险主体及客体的状况，辨识风险因素，对风险的状况做出评价，寻找消除风险的方法。风险分析主要包括风险识别、风险估计、风险评价、风险处理、风险决策五个方面[80]。

1. 风险识别

风险识别就是要对影响系统安全和稳定的风险因素，以及系统失事可能造成的后果加以识别。

2. 风险估计

风险估计是在风险识别的基础上，通过对风险因素的分析，对风险发生的可能性及其后果做出定性或定量的估计。

3. 风险评价

风险评价是根据国家规定或公认的安全指标来衡量风险量的大小和程度，以便确定是否需要处理和处理的程度。

4. 风险处理

风险处理是根据风险评价的结果，选择风险管理技术，以实现风险分析目标。

5. 风险决策

风险决策是风险分析的最后环节，是由决策者决定采用哪一种风险处理方案。

风险评估方法通常可以分为定性风险分析和定量风险分析。定量风险分析是在定性分析的逻辑基础上，给出各个风险源的风险量化指标及其发生的可能性大小，再通过一定的方法合成，得到系统风险的量化值，目前常用的风险分析方法有以下8种。

（1）头脑风暴法（brainstorming）

头脑风暴法是指刺激并鼓励一群知识渊博的人畅所欲言，以发现潜在的失效模式及相关危险、风险、决策标准的处理办法。"头脑风暴法"这个术语经常用来泛指任何形式的小组讨论。然而，真正的头脑风暴法包括旨在确保人们的想象力因小组内其他成员的思想和话语而得到激发的特殊技术。这种技术中，有效的引导很重要，其中包括：开始阶段的刺激讨论；定期鼓励小组进入相关领域；捕捉讨论中产生的问题。

头脑风暴法可以是正式的，也可以是非正式的。正式的头脑风暴法组织化程度很高，其中参与人员需提前准备就绪，而且会议的目的和结果都很明确，有具体的方法来评价讨论思路。非正式的头脑风暴法组织化程度较低，经常更具针对性。

在"头脑风暴"的过程中，应至少包括以下环节：

1）讨论会之前，主持人准备好与讨论内容相关的一系列问题及思考提示。

2）确定讨论会的目标并解释规则。

3）引导员首先介绍一系列想法，然后大家探讨各种观点，尽量多发现问题。

4）当某一方向的思想已经充分挖掘或是讨论偏离主题过远时，引导员可以引导与会人员进入新的方向，目的在于收集尽可能多的不同观点，以便进行后面的分析。

头脑风暴法激发了想象力，有助于发现新的风险和全新的解决方案，让主要的利益相关者参与其中，有助于进行全面沟通，速度较快并易于开展，但是头脑风暴法也有其局限性，参与者可能缺乏必要的技术及知识，无法提出有效的建议。由于头脑风暴法参与人员相对松散，因此较难保证过程的全面性，可能会出现特殊的小组状况，导致某些有重要观点的人保持沉默而其他人成为讨论的主角，从而引起偏差。

（2）德尔菲法（Delphi）

德尔菲法是在一组专家中取得可靠共识的方法。美国兰德公司首先于1964年将德尔菲法用于技术预测中，在形成之初，德尔菲法的根本特征是专家单独、匿名表达各自的观点，同时随着过程的进展，他们有机会了解其他专家的观点。无论是否需要专家的共识，德尔菲法可以用于风险管理全过程或系统生命周期的任何阶段。

德尔菲法使用半结构化问卷对一组专家进行提问，专家无须会面，因此他们的观点具有独立性。德尔菲法的具体步骤如下：

1）组建一支团队，开展并监督德尔菲过程。

2）挑选一组专家（可能是一个或多个专家组）。

3）编制第一轮问卷调查表。

4）测试问卷调查表。

5）将问卷调查表分别发给每位专家组成员。

6）对第一轮答复的信息进行分析和综合，并再次下发给专家组成员。

7）专家组成员重新做出答复，然后重复该过程，直到达成共识。

由于观点是匿名的，因此更有可能表达出那些不受欢迎的看法；同时，专家对于所有观点有相同的权重，避免名人占主导地位的问题；人们不必一次聚集在某个地方，运作起来简单、经济、实用；分析问题深入，定性因素得到定量处理，用途广泛。但是这是一项耗时的工作，参与者首先要能进行清晰的书面表达，同时该方法易受专家的专业和社会背景的制约。

（3）情景分析法（scenario analysis）

情景分析法是20世纪70年代提出的，指通过分析未来可能发生的各种情景，以及各种情景可能产生的影响来分析风险的一类方法。用情景分析法来进行预测，不仅能得出具体的预测结果，而且还能分析达到未来不同发展情景的可行性以及提出需要采取的技术、经济和政策措施，为管理者的决策提供依据。

情景分析法可用来帮助决策并规划未来战略，也可以用来分析现有的活动。它在风险识别、分析及评价中都可以发挥作用。在识别和分析那些反映诸如最佳情景、最差情景及期望情景的多种情景时，可用来识别在特定环境下可能发生的事件，并分析潜在的后果及每种情景的可能性。情景分析的结构可以是正式的，也可以是非正式的，在建立了团队和相关沟通渠道，同时确定了需要处理的问题和事件的背景之后，下一步就是确定可能出现变化的性质。这就要求对主要趋势、趋势变化的可能时机，以及对未来的预见进行研究。其详细步骤如下：

1）明确决策主题。明确要进行情景分析的主题，即焦点，主题需具有重要性特征和不确定性特征，并了解项目主题的背景、目的、限制范围等。

2）识别重要影响因素。重要影响因素是指影响该项目未来发展，对主题至关重要的因素，是造成未来情景变化的主要内部原因。

3）确定关键外在驱动力量。影响项目的外在驱动力量，包含经济环境、政策法规、行业技术手段等，最重要、最不确定的因素应是构成情景框架的主要目标。

4）构造情景框架并形成不同的具体情景。将关键外在驱动力量按照重要性和不确定性排序，总结形成情景框架，并依此形成具体情景。

5）确定每个情景对应概率。描述根据情景框架形成的各种情景，监测主要的指标和先兆事件并预测哪一情景正在出现，确定每个情景对应的概率。

6）分析情景内容：针对每个情景具体分析其涵义，并给出适当建议。

在运用情景分析时，主要的难点涉及数据的有效性以及分析师和决策者开发现实情境的能力，这些难点对结果的分析具有修正作用。

如果将情景分析法作为一种决策工具，其风险在于所用情景可能缺乏充分的基础，数据可能具有随机性，同时可能无法发现那些不切实际的结果。

（4）检查表法（check - lists）

检查表是危险、风险或控制故障的清单，而这些清单通常是根据以前的风险评估结果，或者是因为过去的故障经验进行编制的。

检查表法可用来识别危险及风险或者评估控制效果，可用于产品、过程或系统的生命周期的任何阶段，也可以作为其他风险评估技术的组成部分进行使用，但最主要的用途是检查在运用了旨在识别新问题的更富想象力的技术之后，是否还有遗漏问题。

检查表法首先确定活动范围，然后选择一个能充分涵盖整个范围的检查表，因此，应仔细选择检查表。例如，不可使用标准控制的检查表来识别新的危险或风险，使用检查表的人员或团队应熟悉过程或系统的各个因素，同时审查检查表上的项目是否有缺失。

检查表有助于确保常见问题不会被遗漏，因此非专家人士可以使用；如果检查表编制精良，它们可以将各种专业知识纳入到便于使用的系统中，做到更加详细、准确。但是检查表项目的确定会限制风险识别过程中的想象力，它们论证了"已知的已知因素"，而不是"已知的未知因素"或是"未知的未知因素"，检查表法鼓励"在方框内画勾"的习惯，这些往往是基于已观察到的情况，因此会错过还没有被观察到的问题，导致造成信息遗漏。

（5）蒙特卡罗法（Monte Carlo simulation）

蒙特卡罗法，又称随机模拟方法，是 20 世纪 40 年代中期基于科学技术的发展和电子计算机的发明而被提出的一种以概率统计理论为指导的非常重要的数值计算方法。蒙特卡罗法思想的提出可以追溯到 18 世纪末期，但实际上直到 20 世纪 40 年代之后随着电子计算机技术的发展，该方法才得到迅速的发展和应用。在第二次世界大战中，蒙特卡罗法首先被美国科学家冯·诺依曼应用于原子弹的研制中。与确定性算法相对应，蒙特卡罗法是指使用随机数来解决很多计算问题的方法。当今蒙特卡罗法在土木工程、金融工程学、宏观经济学、物理学等多种领域有着十分广泛的应用，这些都充分表现出这种方法完全区别于其他方法，具有独特功能和优越性。

蒙特卡罗法的基本思路是依照概率的定义，某事件的概率可用大量试验中该事件发生的概率估算，因此可以先对影响工程失事概率的随机变量进行大量的随机抽样，获得各变量的随机数，然后将抽样值一组一组分别代入功能函数式确定系统是否失效，统计失效次数，并计算得出失效次数与总抽样次数的比值，即所求的工程风险值。

蒙特卡罗法的基本原理是根据待求随机问题的变化规律，依照物理现象本身的统计规律，或者人为地构造一个合适的概率模型，依照该模型进行大量的统计试验，使它的某些统计参量正好是待求问题的解。

设有统计独立的随机变量 $X_1, X_2, \cdots, X_n$，其对应的概率密度函数分别为 $f_{X_1}, f_{X_2}, \cdots, f_{X_n}$，功能函数为

$$Z = g(x_1, x_2, \cdots, x_n) \tag{8.2}$$

先应用随机抽样分别获得各变量的分位值 $x_1, x_2, \cdots, x_n$。

计算功能函数值 Z_i：

$$Z_i = g(x_1, x_2, \cdots, x_n) \tag{8.3}$$

设抽样数为 N，每组抽样变量分位值对应的功能函数为 Z_i，$Z_i \leqslant 0$ 的次数为 L，则在大批抽样之后，系统失效概率可由下式计算得到：

$$P_f = \frac{L}{N} \tag{8.4}$$

由此可见，在蒙特卡罗法中，失效概率实际就是系统失效次数在总抽样数中占有的比重，这就是蒙特卡罗法最基本的特点。

在应用蒙特卡罗法解决风险问题的过程中，需要解决两个基本问题，即"随机取样"的进行与确定"大批取样"的界限。进行随机取样需要产生随机数。而确定大批取样实质上则是要求规定最低的取样数 N，取样数 N 直接影响到了由蒙特卡罗法计算所得成果的精确程度。

如果允许误差为 ε，则在 95％ 的置信度要求下用蒙特卡罗法求解的误差 ε 为

$$\varepsilon = \left[\frac{2(1 - P_f)}{N P_f} \right]^{\frac{1}{2}} \tag{8.5}$$

由上式可知，取样数 N 越大，则误差 ε 越小。因此，要保证达到一定的精度要求，则取样数 N 必须足够大。在适当简化的条件下，取样数 N 必须满足：

$$N \geqslant \frac{100}{P_f} \tag{8.6}$$

式中　　P_f——设计要求或者估计的预设失效概率。

由于 P_f 往往较小，N 一般很大，则相应地计算次数较多。例如，工程结构的失效概率一般小于 0.1％，因此要求的计算次数多达数十万次。随着当今计算机技术的发展，大量的计算可以在较短的时间之内进行，蒙特卡罗法的这一要求也已妥善解决。但是应对大型、复杂的工程系统，仍然需要结合适当的简化方法从而节约计算周期。

应用蒙特卡罗法求解问题的首要关键是求已知分布的变量的随机数，并且保证高精度的前提下产生随机数。通常先要产生在开区间 （0,1） 上均匀分布的随机数，然后以此为基础变换为给定分布变量的随机数。

1）伪随机数的产生与检验

随机数一般是通过随机数表、物理方法与数学方法这三种途径取得，其中数学方法以其速度快、计算简单和可重复性等优点而被人们广泛使用。随着对随机数的不断深入研究与改进，人们提出了多种数学方法，其中较为典型的有取中法、加同余法、乘同余法、混合同余法和组合同余法等。由于这些方法各自存在着缺陷，因而求得的随机数被称为"伪随机数"。在选择了适当的参数之后，以上方法的缺陷往往可以控制在要求范围之内。

伪随机数的产生中，乘同余法具有统计性质优良和周期长的特点，故被人们广泛应用。

乘同余法的计算公式为

$$x_{i+1} = (a x_i + c)_{\mathrm{mod}\, m} \tag{8.7}$$

式中　　a，c，m——正整数。

式（8.7）表示以 m 为模数的同余式，即以 m 除 (ax_i+c) 之后得到的余数记为 x_{i+1}。

在具体计算中，最好引入参数 k_i，并且令

$$k_i=\mathrm{int}\left(\frac{ax_i+c}{m}\right) \tag{8.8}$$

式中，符号 int 表示取整函数。此时求解同余数大为简化。

$$x_{i+1}=ax_i+c-mk_i \tag{8.9}$$

将 x_{i+1} 除以 m 之后，便可得到标准化随机数 u_{i+1}。

特别地，在应用计算机求解中，建议几个常数取值如下：

a. 于二进制电子计算机，取：$a=2^7+1$，$c=1$，$m=2^{35}$。

b. 于十进位且字长为 B 的计算机，取：$a=101$，$c=1$，$m=2^B$。

以上讨论的是在开区间（0，1）之中产生随机数的方法。为了判断所得的伪随机数是否能代替随机数投入使用，应对其进行统计检验，主要检验其均匀性与独立性。

2）给定分布下变量随机数的产生

鉴于风险计算中使用最为广泛的是正态分布、对数正态分布与极值 I 型分布，因此讨论这些正态分布情况下的随机数产生有广泛的使用价值。

a. 正态分布。正态分布在风险评估等概率计算中应用最为广泛，人们对于正态分布的变量模拟做了大量的研究，并且发展出了多种方法，其中应用较多的坐标变换法有计算速度快且精度高的特点。

坐标变换法方法如下：

设随机数 u_n 与 u_{n+1} 是开区间（0，1）中两个服从均匀分布的随机数，可用下列变换得到服从标准正态分布 $N(0，1)$ 的两个随机数 x_n^* 与 x_{n+1}^*：

$$\begin{cases} x_n^*=(-2\ln u_n)^{\frac{1}{2}}\cos(2\pi u_{n+1}) \\ x_{n+1}^*=(-2\ln u_n)^{\frac{1}{2}}\sin(2\pi u_{n+1}) \end{cases} \tag{8.10}$$

如果随机变量 X 服从一般正态分布 $N(m_X，\sigma_X)$，则其随机数 x_n^* 与 x_{n+1}^* 的公式变为

$$\begin{cases} x_n=x_n^*\sigma_X+m_X \\ x_{n+1}=x_{n+1}^*\sigma_X+m_X \end{cases} \tag{8.11}$$

随机数以成对的形式产生，不仅相互独立，并且服从一般正态分布。

b. 对数正态分布。对数正态分布变量随机数产生的方法是先将均匀随机数变换为正态分布随机数，然后再转化为对数正态分布随机数。

设 X 服从对数正态分布，并且其均值为 m_X，标准差为 σ_X，变异系数 V_X。因为 $Y=\ln X$ 为正态分布，所以其标准差与均值分别为

$$\sigma_Y=\sigma_{\ln X}=[\ln(1+V_X^2)]^{\frac{1}{2}} \tag{8.12}$$

$$m_X=\ln m_X-\frac{1}{2}\sigma_{\ln X}^2=\ln\left(\frac{m_X}{\sqrt{1+V_X^2}}\right) \tag{8.13}$$

Y 的随机数可由产生正态分布随机数的方法获得。设求得的 Y 的随机数为 y_i，最后可得 X 的随机数为

$$x_i = \exp(y_i) \tag{8.14}$$

c. 极值 I 型分布 。极值 I 型分布变量的随机数一般通过其累积概率分布函数得到，因此先研究一般分布变量随机数的产生。

对于任意分布变量，设已知其累计概率分布函数为 $F_X(x)$，则其随机数可由下式得到

$$x_i = F_X^{-1}(u_i) \tag{8.15}$$

式中 u_i ——开区间（0，1）内的均匀随机数。

由此可以证明由此种方法得到的随机数 x_i 是从具有概率密度为 $f_X(x)$ 的母体中抽取的样本值。

下面以极值 I 型为例说明式（8.15）的应用。极值 I 型变量的分布为

$$F_X(x_i) = \exp\{-\exp[-\alpha(x_i - k)]\} \tag{8.16}$$

式中 α、k ——常量，同 X 的均值 m_X 和标准差 σ_X 有关。

设已产生随机数 u_i，则由 $x_i = F_X^{-1}(u_i)$ 可得

$$u_i = F_X(x_i) = \exp\{-\exp[-\alpha(x_i - k)]\} \tag{8.17}$$

解得

$$x_i = k - \frac{1}{\alpha}\ln(-\ln u_i) \tag{8.18}$$

综上所述，蒙特卡罗法的计算量一般很大，可由计算机程序实现。

蒙特卡罗法的精确度高，尤其是对非线性、不同分布、相关系统等概率统计模型，该方法更为有效。从原则上讲，该方法适用于任何类型分布的输入变量，包括产生于对相关系统观察的实证分布，并且提供了一个结果准确性的衡量；同时模型便于开发，并可根据需要进行拓展；但是蒙特卡罗方法也存在不足之处，例如：①计算结果不唯一。蒙特卡罗法依赖于样本容量与抽样次数，并且对基本变量分布的假定很敏感，因此蒙特卡罗法计算失事概率将随着模拟次数和对基本变量的分布假定而变化，即其结果通常表现出不唯一性。②蒙特卡罗法计算时间较长。解决方案的准确性取决于可执行的模拟次数，计算要求精确度越高，则应用蒙特卡罗法设计的变量个数也越多，所用机时越多，费用也会变大。

（6）JC 法（JC）

JC 法是适用于随机变量为任意分布的情况下结构可靠度的求解。这种方法被国际安全度联合委员会（JCSS）所采用，故称 JC 法。JC 法的基本原理是将随机变量 x_i 原来的非正态分布用正态分布代替，但是对于得到的正态分布函数，要求在临界失事点处 x_i^* 的累积概率分布函数值和概率密度函数值与原函数的分布函数值和密度函数值相同。根据这两个条件求得等效正态分布的均值 $\overline{x_i'}$ 和标准差 σ_{x_i}'，最后再用改进的一次二阶矩法求得结构可靠度指标 β 。

1）当量正态化的过程

在临界失事点处使非正态变量的分布函数值、概率密度函数值与当量正态变量的对应

值相等，即

$$F_{X_i}(x_i^*) = \Phi\left(\frac{x_i^* - \overline{x_i'}}{\sigma_{x_i}'}\right) \tag{8.19}$$

$$f_{X_i}(x_i^*) = \frac{1}{\sigma_{x_i}'}\phi\left(\frac{x_i^* - \overline{x_i'}}{\sigma_{x_i}'}\right) \tag{8.20}$$

由此可以解出

$$\begin{cases} \sigma_{x_i}' = \phi\left[\Phi^{-1}(F_{X_i})\right]/f_{X_i}(x_i^*) \\ \overline{x_i'} = x_i^* - \sigma_{x_i}'\Phi^{-1}\left[F_{X_i}(x_i^*)\right] \end{cases} \tag{8.21}$$

式中　　$F_{X_i}(\bullet)$ 和 $f_{X_i}(\bullet)$——变量 x_i 的原来累积概率分布函数和概率密度函数；

$\Phi(\bullet)$——标准正态分布下的累积概率分布函数和概率密度函数；

$\overline{x_i'}$ 和 σ_{x_i}'——当量正态化之后的均值与标准差。

当量正态化之后的步骤与改进的一次二阶矩法相同。

JC 法的基本原理：首先把随机变量 x_i 原来的非正态分布用正态分布代替，但是对于代替之后得到的正态分布函数，要求在设计验算点 x_i^* 处的累积概率分布函数（CDF）值和概率密度函数（PDF）值都和原来的分布函数的 CDF 值与 PDF 值相同。然后根据这两个条件求得等效正态分布的均值 $\overline{x_i'}$ 和标准差 σ_{x_i}'，最后用一次二阶矩法求得结构的可靠指标与失效概率。

2）解等效正态分布的均值 $\overline{x_i'}$ 和标准差 σ_{x_i}'

利用 x_i^* 处 CDF 值相等的条件，原来分布的概率为 $P(X \leqslant x_i^*) = F_{X_i}(x_i^*)$，代替正态分布的概率为

$$P(X \leqslant x_i^*) = F_{X_i}(x_i^*) = \Phi\left(\frac{x_i^* - \overline{x_i'}}{\sigma_{x_i}'}\right) \tag{8.22}$$

根据条件，要求以上概率相等，得

$$F_{X_i}(x_i^*) = \Phi\left(\frac{x_i^* - \overline{x_i'}}{\sigma_{x_i}'}\right) \tag{8.23}$$

利用 x_i^* 处 PDF 值相等的条件，原分布的概率密度值为 $f_{X_i}(x_i^*)$，代替正态分布的概率密度值为

$$f_{x_i}'(x_i^*) = \frac{\mathrm{d}F_{x_i}'(x_i^*)}{\mathrm{d}x_i} = \frac{1}{\sigma_{x_i}'}\phi\left(\frac{x_i^* - \overline{x_i'}}{\sigma_{x_i}'}\right) \tag{8.24}$$

根据 JC 法的条件，要求以上概率密度值相等，得到

$$f_{X_i}(x_i^*) = \frac{1}{\sigma_{x_i}'}\phi\left(\frac{x_i^* - \overline{x_i'}}{\sigma_{x_i}'}\right) \tag{8.25}$$

由 $F_{X_i}(x_i^*) = \Phi\left(\dfrac{x_i^* - \overline{x_i'}}{\sigma_{x_i}'}\right)$ 解出

$$\Phi^{-1}\left[F_{X_i}(x_i^*)\right] = \left(\frac{x_i^* - \overline{x_i'}}{\sigma'_{x_i}}\right) \tag{8.26}$$

最终得到

$$\sigma'_{x_i} = \frac{\phi\{\Phi^{-1}[F_{X_i}(x_i^*)]\}}{f_{X_i}(x_i^*)} \tag{8.27}$$

以及

$$\overline{x_i'} = x_i^* - \sigma'_{x_i}\Phi^{-1}\left[F_{X_i}(x_i^*)\right] \tag{8.28}$$

式中　$F_{X_i}(\bullet)$ 和 $f_{X_i}(\bullet)$——变量 x_i 的原累积概率分布函数和概率密度函数；

　　　　$\Phi(\bullet)$ 和 $\phi(\bullet)$——标准正态分布下的累积概率分布函数和概率密度函数，可由计算或查表法得到。

以上是 JC 法求得等效正态分布的均值 $\overline{x_i'}$ 和标准差 σ'_{x_i} 的一般公式，具体计算时如果遇到正态变量，则可以直接把该变量的均值和标准差作为"代替变量"的均值与标准差。在对数正态分布的情况下，以上求得的公式可以进一步简化。

（7）事件树分析法（ETA）

事件树是一种表示初始事件之后互斥性后果的图解技术，其根据是为减轻其后果而设计的各种系统的是否起作用，可以定性和定量应用。

事件树分析法起源于故障树分析，是安全系统工程的重要分析方法之一。20 世纪 60 年代初期，该方法由美国贝尔研究所首先提出，是运用逻辑推理对各种系统的危险性进行辨识和评价，将需要分析的事件作为顶上事件，逐层分析其发生原因，直到找出导致事故发生的最基本原因，这些基本原因称为事件树的基本事件，基本事件的发生频率和损失影响程度可由统计或调查方法取得。事件树分析方法不仅能分析出事故的直接原因，而且能深入地揭示出事故的潜在原因。事件树就是将系统的失效事件分解成许多子事件的串、并联组合，求出系统中各基本事件的失效概率，即可沿事件树图的逻辑关系逆向求解系统的失效概率。

用事件树分析法描述事故的因果关系直观明白，思路清晰，逻辑性强。其定量分析主要内容为：确定引起事故发生的各基本原因事件的发生概率；计算事件树顶上事件发生概率；并将计算结果与通过统计分析得出的事故发生概率进行比较。定性分析主要内容为：利用布尔代数简化事件树；求取事件树最小割集或最小径集；计算各基本事件结构重要度；定性分析结论。事件树解决问题的步骤大致如图 8.2 所示。

该方法的优点是可对导致事故的各种原因及逻辑关系能做出全面、简洁的分析，科学掌握安全控制的要点和措施；通过重要度分析，得到各基本事件对事件树顶上事件发生的影响程度，并可同时进行定性分析、定量分析和系统评价。缺点为事件树分析主要针对特定事故，具有局部性，且因分析人员的水平不同，会出现不同的事件树和分析结果。

对于已经发生和可能发生的事故均可通过事件树分析找出直接和间接原因，从而采取有针对的措施，防止事故或者降低事故发生的可能性。根据分析结果，为科学设计、施工、决策提供合理的依据。

（8）模糊综合评判方法（fuzzy comprehensive evaluation）

事件树中基本事件的概率是通过德尔菲法得到的，由于统计过程中各种因素的影响和

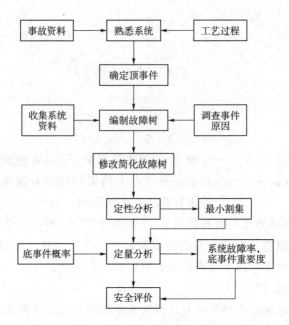

图 8.2　事件树分析流程图

专家经验的局限性，得到的数据存在一定的不确定性。因此引入模糊数学理论，采用定义在概率空间中的模糊数来表示概率，以失效的可能性代替失效概率。模糊综合评判是权衡各种因素项目，得出总概括式的优劣评价。设给定两个有限论域：$U=(u_1,\ u_2,\ \cdots u_n)$，$V=(v_1,\ v_2,\ \cdots v_n)$。其中，$U$ 为模糊综合评判的因素集合；V 为评语集合。

给定模糊矩阵 $K=(k_{ij})_{m\times n}$，$0\leqslant k_{ij}\leqslant 1$ 进行模糊变换，即利用 U 的子集 X 得到评判的结果 Y，Y 为 V 的模糊子集，模糊变换参照下式进行：

$$X\circ K=Y \tag{8.29}$$

$$y_i=\bigvee_{j=1}^{m}(x_j\ \wedge\ k_{ij})\ ,i=1,2,\cdots,n \tag{8.30}$$

式中的 "$\circ$" 运算符为模糊合成运算，可以采用 "小中取大" 进行运算，也可进行简单矩阵乘运算，应视具体情况而定。X 可以视为 U 中各因素的相对权重，K 可利用专家调查法和统计资料获得。可采用 L-R 模糊数对统计资料进行模糊处理。

L-R 模糊数是给出模糊数的左、右加权可能均值的定义，提出左右型模糊数的一种梯形模糊数的近似表示方法。该方法不仅可以保持模糊数的左、右加权均值和核不变，而且还具有平移不变性、数乘不变性等重要的性质。

A 为有界函数，则存在一个闭区间 $[a，b]$，使得模糊数 A 的隶属函数满足

$$u_A(x)=\begin{cases}1 & a\leqslant x\leqslant b\\L(x) & x<a\\R(x) & x>b\end{cases} \tag{8.31}$$

式中　$L(x)$ ——增函数，右连续，$0\leqslant L(x)\leqslant 1$；

　　　$R(x)$ ——减函数，左连续，$0\leqslant R(x)\leqslant 1$。

L-R 模糊数的 $L(x)$，$R(x)$ 为模糊数的左右参照函数。实际工程中，模糊数隶属度为 1 的数通常只取一点，因此，在缺乏足够数据的情况下，为简化计算，一般用三元组 $(a，m，b)$ 表示，即

$$u_A(x) = \begin{cases} 0 & , x < a \\ (x-a)/(m-a) & , a \leqslant x < m \\ (b-x)/(b-m) & , m \leqslant x \leqslant b \\ 0 & , x > b \end{cases} \tag{8.32}$$

M 对应隶属函数为 1 的数，是模糊数的均值，a、b 为模糊数的左右分布函数，表示函数向左和向右延伸的程度，均为小于 1 的正数，工程常用的两种参照函数为线性参照函数和正态参照函数。

8.2   PCCP 管道风险识别与评价方法

以保障 PCCP 管道的正常运行为主要目的，通过风险分析和评价，可以清楚识别 PCCP 长输管道系统中潜在的风险因素，结合 PCCP 管自身的特点，对产生的风险后果展开研究分析，可以提前采取必要的措施，从而为应急处理预案及维护管理方案提供理论支撑。

8.2.1   风险识别流程

项目风险识别是一项意义非凡且整个项目过程中必须引起重视的工作，而且风险识别的结果随着信息的变化而改变，风险管理人员应根据实际情况和工程进度对可能发生的风险做出准确合理的预测，确保科学顺利地开展风险的识别任务。

PCCP 管道系统安全因素的不确定性决定了 PCCP 管道风险识别是一个复杂的过程，该过程应遵守一定的程序，确保流程上的准确性和效率性，如图 8.3 风险识别流程图所示。

8.2.2   风险识别方法

所有能够帮助分析者获取风险相关信息的方法都可以用于风险因素的识别。因此，本文在客观信息源的基础上，搜集相关信息和历史资料，采用归纳总结法和历史统计法，深入分析风险事件，并理清线索，对风险进行分类，使预测和识别的结果更加准确。

8.2.3   采用的风险评价方法

在风险识别的基础上，研究风险事故发生的可能性和它一旦发生所造成的后果的严重程度的大小就是风险评价。

为了使风险评价的结果更具有可信度，本章参考第 2 章风险的相关概念，从两方面对 PCCP 长距离输水管道风险模型的构造进行研究：一是 PCCP 管道风险要素发生的概率；二是 PCCP 管道事故一旦发生所导致的后果的严重程度。本章综合考虑 PCCP 管道安全风险两方面的因素，建立相对科学的风险评价模型。

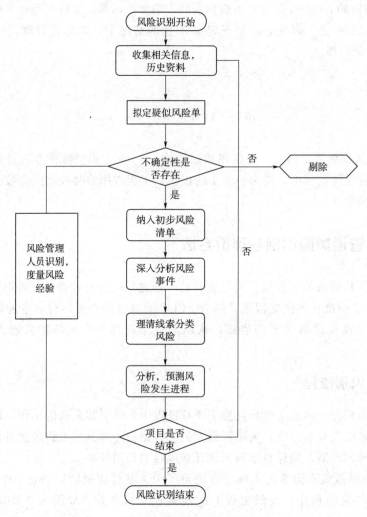

图 8.3 风险识别流程图

目前，长输管道安全风险评价方法有很多，本书根据国内 PCCP 管道的现实特点和所搜集到的相关信息，具体问题具体分析，选取适用于本书的风险评价方法。

（1）归纳总结法和历史统计法（定性分析）

归纳总结法和历史统计法是基于前人的研究和相关的理论方案，对相似课题或研究报告进行相关的历史统计分析，将那些经常发生事故的风险因素作为本研究的评价指标。本书分别以 PCCP 长输管道事故发生可能性和事故后果严重度为分析对象，运用归纳总结法和历史统计法整理、归纳与总结主要的 PCCP 风险因素，为后续指标体系的建立提供理论支持。

（2）模糊网络分析法（定性定量分析）

由于 PCCP 管道的安全所选取的评价因素通常具有一定的模糊性且有些无法用定量的语言描述，所以本书选取模糊综合评价法作为评价基础。对 PCCP 管道而言，影响 PCCP 管道安全的风险因素之间往往是存在影响关系的，考虑到这种相关性以及反馈作用等问题，本书采用在层次分析法的基础上进行改进的网络分析法，充分考虑实际工程中因素之间的影响关系。

综合以上两方面的考虑，从实际问题出发，将两种评价方法相结合，形成本书对 PC-CP 管道安全运行风险问题分析的新方法模糊网络分析法。

8.3 模糊网络分析模型基本理论

8.3.1 模糊综合评价法

PCCP 管道所处地形环境复杂，而且受工程实际状况不确定性较高的影响，PCCP 管道是否存在风险是很多风险因素共同决定的，对其进行评价时需全面考虑，模糊综合评价就是解决这个问题的方法，其将风险因素模糊处理后，将这些定性的语言来定量化、归一化，再将定量结果转化为语言描述，其具体步骤如图 8.4 模糊综合评价流程所示。

每个步骤的具体解释如下：

1）首先，根据工程实际需要并参照指标体系的建立原则，对评价目标进行分析，归纳出可以反映评价目标的指标集并将其划分。

2）其次，评价者根据项目实际情况，对各个指标做出客观描述，根据描述将其汇总形成评语集。

3）然后，通过一定的方法如层次分析法对因素集进行比较打分，求出各因素的权重向量。

4）接着，根据专家或相关人员对评价对象的实际状况进行打分，对每个因素进行模糊的语言评价，通过打分创建模糊评价矩阵。

5）之后，评价矩阵和权重的合成。

6）最后，对评价结果向量进行合理解释。

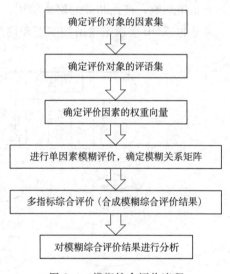

图 8.4 模糊综合评价流程

8.3.2 网络分析法

网络分析法（ANP）与层次分析法相比具有两大特点，见表 8.1。

表 8.1   ANP 两 大 特 点

两大特点	主 要 内 容
两两比较不留空缺	当决策人员进行决策时，如果选择使用网络分析法进行决策，需要对所有的因素进行两两相对比较，而运用其他方法，进行决策的人员往往不会对所有的因素进行全部的两两比较，此时形成的两两判断矩阵是不完全的，会出现一些相对比较之间的空缺

两大特点	主 要 内 容
相互影响存在反馈	网络分析法（ANP）由层次分析法（AHP）发展而来。AHP首先对同一层的因子进行比较，然后通过递阶式计算，最终合成对目标层的影响。AHP只强调同层之间的单向影响关系，没有考虑到层与层之间的相互交叉影响关系。但是现实生活中存在很多层次之间内部相互影响的现实情况，有可能互相依赖，彼此支配。这时元素之间的关系就像是一张大网，系统结构类似于网络结构，彼此相连，互相影响。此时的关系特点是没有漏掉任何存在关系的各因素之间的两两比较，最终利用"超矩阵"对网络关系进行综合分析

ANP由两大部分构成：第一部分是控制层。该层包括需要解决的问题目标和进行判断的决策准则，每个决策准则之间互不相关，彼此独立的，且只受问题目标元素影响支配，控制层中必须存在决策目标，可以没有决策准则。第二部分是网络层。控制层支配网络层，不仅层次间的元素内部互相影响、互不独立，所有的元素之间只要存在互相依存的关系，则它们必将互相影响，必须进行两两重要度比较，进行决断的每个准则下存在着的是一个互相影响，彼此相关的网络结构。

典型的ANP层次结构由控制层和网络层两部分构成，见图8.5 ANP层次结构。

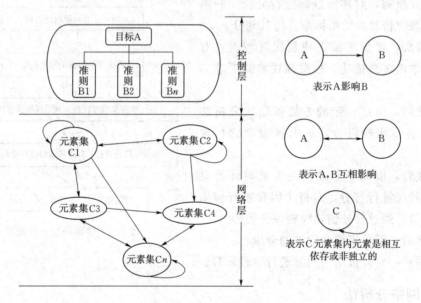

图8.5 ANP层次结构

用ANP进行决策的基本步骤如下：

1）分析问题，构造网络结构模型；

2）基于某一准则，两两比较，构造判断矩阵。

在建立相对尺度时，最常见的判断见表8.2，依据相对重要程度分别给予1～9的数字，"1"代表比对的项目同等重要，"9"代表比对的项目极端绝对重要。

表 8.2　　　　　　　　　　　　　　　尺 度 度 量 表

相对权 重比率	语 意 尺 度	
1	Equal	指两准则的重要性相等
2	Between Equal and Moderate	一准则较另一准则重要性介于相等与稍微重要间
3	Moderate	一准则较另一准则稍微重要
4	Between Moderate and Strong	一准则较另一准则重要性介于稍微重要与重要间
5	Strong	一准则较另一准则重要
6	Between Strong and Very Strong	一准则较另一准则重要性介于重要与极重要间
7	Very Strong	一准则较另一准则极重要
8	Between Very Strong and Extreme	一准则较另一准则重要性介于极重要与绝对重要间
9	Extreme	一准则较另一准则绝对重要

注　出现小数时，例如 3.5，则采取进位，并尽量避免小数点值的产生，若大于 9 则须以 9 为取值。

在构造判断矩阵的过程中，通过引入 1~9 标度法，使定性问题定量化，从而就可以构造判断矩阵见表 8.3。

表 8.3　　　　　　　　　　　　　　　判 断 矩 阵

e_{jl}	e_{i1}，e_{i2}，$\cdots$，e_{ini}	归一化特征向量
e_{i1}		w_{i1}^{j1}
e_{i2}		w_{i2}^{j2}
$\cdots$		$\cdots$
e_{in}		w_{in}^{jl}

（1）确定层次元素排序

在同一决策准则的基础上，对元素组中的所有相互影响的元素两两比较，最终得到二级指标间归一化排序权重，再对元素组之间的指标进行相互的两两比较判断，得到一级指标间的归一化权重排序。

（2）一致性检验

为了避免判断矩阵存在逻辑上的错误，必须进行一致性检验，以便将矩阵本身存在的误差缩小到一定范围内。

（3）计算超矩阵，得到最终归一化权重

计算二级指标的判断矩阵得到超矩阵，计算一级指标间的超矩阵得到权矩阵，加权超矩阵等于超矩阵和权矩阵的乘积。加权超矩阵自乘无限次之后得到极限超矩阵，此时每一列的数值都相同且每一列数值相加等于 1，此时就得到了最终需要的权重排序。

构造 ANP 超矩阵计算流程图如图 8.6 所示。

8.3.3　模糊网络分析法的优势

本书以模糊综合评价为框架，结合网络分析法和专家评分法形成模糊网络分析法，其基本特点总结如下。

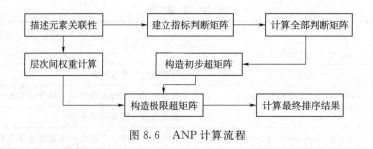

图 8.6　ANP 计算流程

（1）评价模糊事件

模糊事件是指用数字不能对其准确描述，只能用语言粗略定义的对象，模糊网络分析法适用于对模糊事件的评价。

（2）网络结构模型

控制层支配网络层，构成网络结构模型，不仅层次间元素内部互相影响、互不独立，所有的元素之间只要存在互相依存的关系，则它们必将互相影响，必须进行两两重要度比较。

（3）ANP 思想赋权

ANP 思想赋权，虽然运用了专家评判的思想和判断数据，但却没有直接为指标进行赋权，而是在某一评判准则下通过两两比较输入数值进行赋权，提高了数据的可靠性和科学性。

8.3.4　SD 软件介绍

运用 ANP 法时一般选取的元素都比较多，此时的计算过程相当复杂，手工计算难度很大，基本无法完成。借助超级决策（super Decision）软件（以下简称"SD 软件"），可以很好地解决手工计算的难题。

模糊网络分析法（FANP）是一种既能处理模糊性问题又能表示元素间的相互反馈关系的定量化方法，SD 软件又将计算过程进行简化，使计算过程更加方便。将该方法应用到风险评价问题上，有很强的理论实用性，加上本文将 SD 软件应用其中更能凸显该方法的优势。

SD 软件进行 ANP 模型决策的应用原理如下：

（1）将需要解决的问题分解成多个元素组以及各元素组控制下的多个元素。SD 软件的标准模板有四个准则，即从 BOCR 利益（benefits）方面、机会（opportunities）方面、成本（costs）方面、风险（risks）方面来评价分析任何决策问题。决策者可根据实际问题的现实情况选择适合目标问题的一个或多个准则，每个准则下的网络结构相互独立，互不影响，但都包括元素组和元素。

（2）判断一级指标元素组之间和二级指标元素之间的影响关系，按确定的关系构成网状结构。判断元素相关关系是决定计算结果准确性的重要一步，以决策者确定的某一准则为目标，根据相关关系形成的网络结构，决策者分别对一级指标元素组和二级指标各元素之间分别进行两两比较判断，在 SD 软件中输入比较数值，最终形成两两比较矩阵。对所有存在相互关系，不互相独立的指标分别进行两两判断比较。

（3）计算分析。根据两两比较过程中输入的数值，软件可以自动构成判断矩阵，并快速地自行求解，直到最后得到极限超矩阵，如果极限超矩阵存在，那么其每一列的数值相同，且每一列相加都等于1。最后可以将矩阵数据导入到 Excel 表格中打开，使数据观察更加方便、直观。

ANP 分析计算步骤主要有以下 7 项：

（1）分析决策问题，根据实际情况将问题层次化、结构化，并根据选取的评估准则，作为网络结构决策评估的标准。

（2）根据相关的评估因子，建立各项评估准则集群，并根据准则集群建立集群内的要素节点。

（3）根据准则与准则、节点与节点相互影响的关系建立链接。

（4）在各个准则中建立其专属网络集群。

（5）计算各准则间的相对权重，并根据得到的权重大小排序。

（6）一致性（值＜0.1）检验。

（7）根据准则提出综合性的评估结果，以及在各准则下的评估结果。

8.4 本章小结

本章主要介绍了风险的概念、风险分析流程，以及风险评价方法。其中重点介绍了模糊综合评价法、网络分析法和 SD 软件的应用，这些理论和方法是本文的基础，有助于后续研究工作的开展。

第 9 章

基于模糊网络分析法的风险评价模型的建立

本章运用归纳总结法和历史统计法对 PCCP 长距离输水管道进行风险辨识，先对搜集的风险因素进行初选，然后分析筛选，最后确定关键风险指标。通过模糊评价法对风险的评语集实现定性到定量的转化，运用网络分析法建立风险评价网络模型，并赋值求出权重。

9.1 构建 PCCP 管道安全运行风险评价指标体系

9.1.1 评价指标体系构建原则

指标是对评价对象某种性质上的概述，每个指标都直接地体现出所研究事物的某方面特征。指标体系是指标的集合，它集中体现研究对象的关键特点和层次结构。构建 PCCP 长距离输水管道的安全评价体系首先要保证指标的选取符合项目的实际情况，其次选取的数量不宜过多也不宜过少。

指标体系的构建主要包括：根据研究对象收集相关内容资料，确定研究对象的评价目的并尽可能全面地考虑对其产生影响的因素，对考虑到的所有因素进行研究和比较，确定关键因素，筛选之后确定最终的评价指标体系。

在项目安全评价的现实工作中，指标的选取不宜过多也不宜过少，既要避免重复，又要具有足够的重要性和代表性。所以，为了避免上述存在的问题，指标体系应按照以下原则进行选取构建。

（1）系统性与准确性

系统性要求指标的选取应该涵盖各个方面导致风险发生的指标。准确性要求选取的各方面指标的客观性和现实性必须达到一定的要求，必须准确地表达出评价对象的主要特征。

（2）简练性与代表性

简练性要求指标在保证信息完善的同时，还要保证指标数量尽可能少，使体系一目了然。代表性要求选取的指标对各方面因素而言最具可信度、最具权威性的代表指标。

（3）定性与定量相结合原则

定性风险因素一般先用语言描述，再根据专家的经验对其进行打分判断，用数字将其量化，便于后期评价结果的计算和处理。定性风险因素是指标体系不能缺少的重要组成部分。为了使可靠度和客观度较高的安全评价结果，必须将二者统一起来进行分析。

（4）实用性与可获性

影响 PCCP 长距离输水管道的风险因素很多，但由于数据的缺失或现实情况的不允许，某些因素不一定能准确地表现出来，这些无法获取的因素指标可以用实用性较高的指标对其进行代替。

（5）独立性与非相关性

同一层的指标在满足系统性的同时要避免互相包含重复的情况，必须保证指标间的独立性、科学性。

9.1.2 评价指标初选

本章应用第八章的风险识别流程，运用归纳总结法和历史统计法，根据PCCP管道工程特点，识别出可能影响PCCP管道安全运行的各种潜在风险因素，并对所有考虑到的因素进行汇总和整理。

通过搜集大量相关资料了解到断裂和穿透是引起管道风险事故发生的最主要，也最直接的原因。根据PCCP管道的结构特点与施工特点，调查管道运行过程中可能引起管线断裂和穿透事故作为研究对象，运用归纳总结法和历史统计法在风险调查的基础上，进行风险指标的初选。具体识别结果见表9.1。

表 9.1 　　　　　　　　　　　　评 价 指 标 初 选

类　型	序号	风 险 因 素	备　注
管道安装	1	管件缺陷未发现	属于施工上的缺陷
	2	管段间错口大	
	3	机械损伤	
管沟施工	4	管沟深度不够	影响管沟施工的因素同时也是影响拉应力的因素，也是施工上的缺陷
	5	边坡稳定性差	
	6	回填土粒径粗大	
	7	回填土含水率高	
	8	管沟排水性能差	
	9	回填土含腐蚀物	
管道拼接	10	管道焊接方法不当	钢管与PCCP管通过钢制转换件来连接，此钢制转换件与钢管采用焊接连接，与PCCP管采用胶圈承插式接口，属于半柔性接口
	11	焊接材料不合格	
	12	表面预处理质量差	
	13	焊缝表面气孔	
	14	未焊接部分过大	
	15	存在显微裂纹	
	16	拼接后检查不仔细	
防腐绝缘涂层	17	防腐绝缘涂层过薄	防腐绝缘涂层的好坏直接影响管道的外腐蚀，因此这些影响因素也是影响外腐蚀的因素，同时也是属于施工上的缺陷
	18	防腐绝缘涂层黏结力低	
	19	防腐绝缘涂层脆性过大	
	20	防腐绝缘涂层发生破损	
	21	防腐绝缘涂层老化剥离	
	22	防腐绝缘涂层下部积水	

类 型	序号	风 险 因 素	备 注
施工误操作	23	施工工序不合格	都属于误操作指标而引起管道破裂或穿透事故的发生
	24	施工缺陷	
维护误操作	25	维护设备差	
	26	维护文件不齐全	
	27	维护人员责任心不强	
运营误操作	28	运营规程有误	
	29	安全设备故障	
	30	运营人员责任心不强	
	31	操作人员失误	
内腐蚀	32	水流腐蚀	无
	33	管材抗腐蚀性差	
	34	腐蚀检测不及时	
	35	防腐措施	
应力腐蚀	36	特定介质腐蚀	风险因素中的拉应力不仅是造成外腐蚀的原因，也是造成应力腐蚀的原因，同时拉应力的产生也是造成管沟施工风险产生的原因
	37	拉应力	
外腐蚀	38	腐蚀检测不当	
	39	管材抗腐蚀性差	
	40	阴极保护失效	
	41	拉应力	
	42	防腐绝缘层质量变差	
	43	防腐绝缘涂层	
拉应力	44	管沟深度不够	影响拉应力的因素同时也是影响管沟施工的因素，也是造成应力腐蚀的原因
	45	边坡稳定性差	
	46	回填土粒径粗大	
	47	回填土含水率高	
	48	管沟排水性能差	
	49	回填土含腐蚀物	
防腐措施	50	衬里脱落	防腐措施不当也是造成内外腐蚀的原因
	51	内涂层变薄	
	52	缓蚀剂失效	
	53	清管效果差	
管道上方违章施工	54	巡线频率过低	可归结为第三方破坏
	55	巡线员责任心不强	
	56	线路标志不明	
	57	报警系统不好	
	58	社会关系处理不当	

类　型	序号	风　险　因　素	备　注
农耕活动	59	线路标志不明	可归结为第三方破坏
	60	管道安全教育不够	
	61	管道埋深过浅	
第三方破坏	62	管道上方违章施工	无
	63	农耕活动	
	64	恶意破坏	
	65	沿线压管严重	
沿线压管严重	66	报警系统不好	可归结为第三方破坏
	67	管子设计不合理	
	68	外部活动过大	
自然灾害	69	泥石流发生	无
	70	塌方发生	
	71	滑坡发生	
	72	洪水发生	
	73	地震发生	

9.1.3　评价指标筛选

从理论上考虑，一旦引起事故的发生都将对其安全运行造成一定程度上或大或小的损害。但是现实研究情况下，决策者无法将考虑到的所有风险因素都作为影响系统安全性的风险指标，这样不符合现实，也不科学。

由于工程项目实施过程中的不确定性因素较多，而且根据 PCCP 管道自身构造和制作的特点，在指标初选时出于全面性的角度考虑，影响 PCCP 管道系统的风险因素一定非常多。然而出于对现实性的考虑，选取合适数量的风险因素才是科学可靠的正确做法，这是由于指标数量太多，会大大增加安全评价的复杂性和不必要性，同时，指标的选取应该分清主次，重点考虑那些真正能对评价结果起决定性影响的因素，将其纳入指标体系内。

由此可知，如何对所有的风险因素进行科学的筛选是构建指标体系，影响安全评价最终结果的重要一步。筛选时的关注重点必须遵循"代表性原则"，去除那些重复的、不重要的信息，重点研究那些对"PCCP 安全有显著代表性影响的""有很大可能导致严重风险后果的"风险指标。

9.1.4　评价指标体系的构建

从评价指标的初选并结合 PCCP 管道工程失事的原因分析可以看出，威胁 PCCP 管道安全的因素包括了多方面、多角度的内容，比如腐蚀严重导致管道破裂、第三方破坏引起管道失效、内外压力过大导致管道漏损等，导致这些事故的风险因素很多，但有些危险因素可能是由其他因素发生变化引起的。构建 PCCP 管道系统安全的评价指标体系时，应主次分明，把主要精力放在那些具有显著代表性的主要因素上。通过对初选的风险因素进行分类，筛选总结出引起 PCCP 管道失效的主要因素。

（1）设计缺陷。管材的设计缺陷将直接影响管道的安全水准，降低管道强度，诱发腐蚀的发生，大大降低管道安全运行的可靠度，因此设计人员需提高设计水平，加强对设计质量的检查力度。

（2）误操作。误操作包括在初始设计阶段，缺乏科学的实验论证和风险评价工作而造成的设计误操作；在安装放置过程中，未按照标准进行施工的施工误操作；在设计和施工之后，未采取相应措施保证管道正常运行的误操作；投产后，未定期进行维护工作，导致存在风险的维护误操作。

（3）腐蚀。从国内 PCCP 管道工程的应用情况来看，腐蚀是造成 PCCP 管道安全运行过程中出现风险事故的重要原因，解决 PCCP 的腐蚀问题是国内许多学者研究的重要课题。腐蚀包括 PCCP 管道外腐蚀、PCCP 管道内腐蚀和 PCCP 管道应力腐蚀。引起外腐蚀的主要原因包括：管道外侧与腐蚀性土壤接触、管道外侧腐蚀保护措施失效，以及所选取的 PCCP 管材本身抗腐蚀性差等。引起 PCCP 管道内腐蚀的主要原因是：运输的介质中掺杂了引起管道腐蚀的因素以及管道内壁的防腐保护措施年久失效。PCCP 管道的应力腐蚀主要受到管道内外的应力过大、地质环境恶劣、所选管材材料不达标三方面的影响，导致加速腐蚀的现象。

（4）第三方破坏。第三方破坏指非管道相关的工作人员对管道系统所做出的不利于管道安全运行的破坏活动。例如，管道系统上方私搭乱建超出管道承受压力的大型建筑物，或者在一些管道设施经过的边远地区，由于管道保护力度不够，管道相关标志不明显，而对管道造成的农耕破坏活动，以及由于存在工程纠纷或沟通不当原因而产生的故意破坏活动等。

（5）自然灾害。如果发生自然灾害的时候没能提前采取有效的保护措施，那么将造成不可估量的经济损失和重大的安全事故。因此，应做好对自然灾害的预测和防备工作，才能避免严重事故的发生。

PCCP 风险指标体系的构建应突出层次性和代表性。本书依据层次性和代表性原则将主要因素归结为以下几个方面，这些方面对 PCCP 管道的风险起到很大的控制作用，见表 9.2。

表 9.2 指 标 分 类

指标分类	子因素	定 义 描 述
设计指标	管道安全系数	增加额外厚度，保护管道，避免腐蚀等破坏
	系统安全系数	管道的设计压力大于实际压力，提高安全性
误操作指标	设计误操作	在初始设计阶段，缺乏科学的实验论证
	施工误操作	在安装放置过程中，未按照相关要求进行施工
	运行误操作	在设计和施工之后，未采取相应措施保证管道的正常运行
	维护误操作	投产后，未定期进行维护工作，导致存在风险

指标分类	子因素	定 义 描 述
腐蚀指标	外腐蚀	由于管道外保护层的破损，外壁与周围环境相互作用发生腐蚀
	内腐蚀	由于运输介质存在腐蚀性，内防腐层缺失而内壁发生腐蚀
	应力腐蚀	受到应力、环境、材料三方影响，在压力作用下加速腐蚀影响
第三方破坏指标	活动频繁度	管道周边人类活动，如工程人员的施工和维修
	安全预警度	管道安全运行所配备的安全预警系统及其所发挥效用的情况
	管道保护度	对管道安全运行所采取的长期保护工作
	管道巡视度	定期对管道沿线进行巡视检查的情况等
自然指标	溃堤与洪水	由于洪水泛滥，堤坝垮塌导致管道受到破坏和影响
	河水冲积	在河水流经区域，因河水冲积导致管道损害
	滑坡与泥石流	由于管道经过山体区域，遭受山地质灾害导致管道损害
	地质坍塌	由于发生地表塌陷或地震等原因导致管道损害

综上所述，分析构建初步安全评价指标体系如图9.1所示。

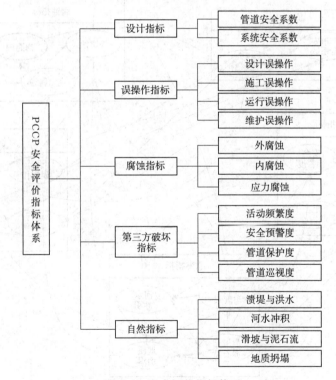

图 9.1　安全评价指标体系

评价指标体系的确定是对 PCCP 管道进行安全评判的关键所在，在对具体的实际案例的 PCCP 管道系统进行风险评价时，应结合 PCCP 管道工程建设与管理过程中的特点，在上述构建的评价指标体系框架基础上另选合适指标具体说明。

9.2 建立 PCCP 管道风险分析网络

在 PCCP 管道系统运行过程中,由于受工程自身和自然界因素的影响,某些指标的内在状态可能发生改变,那么这种状态的改变可能会影响其他指标状态的改变,进而影响 PCCP 管道系统的整体安全性,因此在进行综合评价时就需要考虑指标间的这种关系。

网络结构关系可以反映指标之间的某种影响关系,在评价指标体系的基础上构建指标之间的网络结构,网络中存在很多指标,它们之间互相影响,互相依存,因此采用网络结构关系更符合实际工程情况,在权重计算时更能准确地表示各指标的权重。

在评价指标体系框架中给出了 5 个一级指标和 17 个二级指标,不属于同一级的二级指标之间也可能相互影响,根据 PCCP 管道安全运行的机理并参考专家工程师的经验,构建网络关系并弄清指标之间是单向影响还是相互影响,由此构建二级指标影响关系如图 9.2 所示。

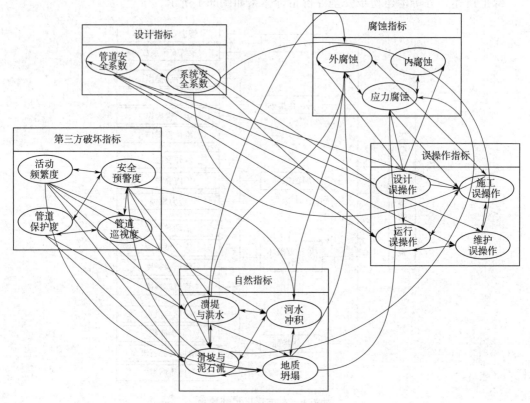

图 9.2 二级指标影响关系图

在二级指标影响关系图中,双向箭头表示这两个指标因素间相互影响,单向箭头表示一个指标因素对另一个指标因素的单向影响。由于在建立指标体系时,同一特性的二级指标归为一类形成一级指标，则根据图二级指标间的影响关系，就可以确定一级指标的影响关系，即如图9.3所示PCCP管道安全评价网络模型。

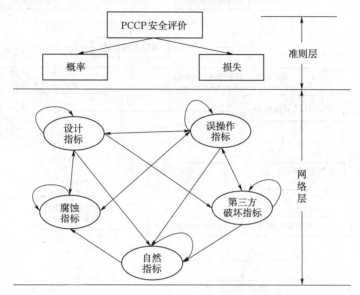

图 9.3 PCCP 管道安全评价网络模型

一级指标箭头指向自身时，表示反映同一工程特性的二级指标间有些存在相互影响。由于选取的二级指标较多，所以采用表格的形式，在表格中列出所有的二级指标，将对应的因素之间有影响关系的就打钩，没有关系的就忽略。通过网络关系表可以清楚地看到各指标之间是否存在关系，进而建立 PCCP 管道安全运行风险分析网络结构图。

9.3 模糊网络评价模型的基本步骤

模糊网络评价法主要由模糊综合评价法和网络分析法结合而成。模型的分析和构建过程主要分为两部分：第一部分，运用模糊评价法对风险因素集合评语集进行从定性到定量的转化，得到模糊判断矩阵；第二部分，运用网络分析法，根据指标间的关系构建 ANP 模型，并对其两两之间的判断矩阵进行赋值，最终求出权重的大小。具体步骤如图9.4所示。

9.4 确定 F - ANP 权重

（1）确定指标集

风险因素的建立是以安全评价指标体系为基础得来的，其确定是为接下来进行的综合风险评价做铺垫。

一级评价因素集合为 U，表示为 $U = \{U_i\} = \{U_1, U_2, \cdots, U_m\}$ = ｛设计指标，误操作指标，腐蚀指标，第三方破坏指标，自然指标｝。

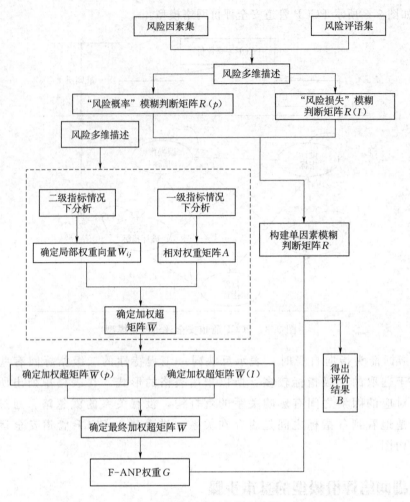

图 9.4　模糊网络评价模型步骤

二级评价指标分别位于各一级指标下面，各影响因素为 U_{in}，二级指标集 $U_i =$ $\{U_{i1}, U_{i2}, \cdots, U_{in}\}$ $(i = 1, 2, \cdots, m)$；其中，U 是 U_i 的评价目标，U_i 是 U_{in} 的评价目标，一级指标下面的二级指标个数不一定相同。根据评价指标体系框架图构建如下的指标集：

$U_1 = \{U_{11}, U_{12}\}$ ＝ {管道安全系数，系统安全系数}；

$U_2 = \{U_{21}, U_{22}, U_{23}, U_{24}\}$ ＝ {设计误操作，施工误操作，运行误操作，维护误操作}；

$U_3 = \{U_{31}, U_{32}, U_{33}\}$ ＝ {外腐蚀，内腐蚀，应力腐蚀}；

$U_4 = \{U_{41}, U_{42}, U_{43}, U_{44}\}$ ＝ {活动频繁度，安全预警度，管道保护度，管道巡视度}；

$U_5 = \{U_{51}, U_{52}, U_{53}, U_{54}\}$ ＝ {溃堤与洪水，河水冲积，滑坡与泥石流，地质坍塌}。

（2）超矩阵计算

以 U_i 为主准则，以 U_i 中一个二级指标为次准则，将其他二级指标对作为次准则的二级指标的影响程度大小进行间接重要度比较。二级指标的影响关系可以从影响关系表中查得。

1）确定 w_{11}

例如：计算 w_{11} 的第一列权重向量时，以 U_1 作为主准则，U_{11} 作为次准则，按照对 U_{11} 的影响大小，将 U_{11}、U_{12} 进行两两间接影响程度比较分析，在矩阵中输入它们两两比较的数值，用特征法进行求解，见表 9.3。

表 9.3 w_{11} 计 算 结 果

U_{11}	U_{11}	U_{12}	权重
U_{11}	1	a_{12}	w_{11}^{11}
U_{12}	$1/a_{12}$	1	w_{12}^{11}

$(w_{11}^{11}, w_{12}^{11})^T$，为设计指标中的因素 U_{11}，U_{12} 相对于 U_{11} 的排序向量。同理，以 U_1 作为主准则，U_{12} 作为次准则，可以计算出 w_{11} 的第二列权重向量。因此第一列和第二列向量分别为 $(w_{11}^{11}, w_{12}^{11})^T$ 和 $(w_{11}^{12}, w_{12}^{12})^T$，由此可以得到超矩阵 W 的字块 w_{11}。

$$w_{11} = \begin{pmatrix} w_{11}^{11} & w_{11}^{12} \\ w_{12}^{11} & w_{12}^{12} \end{pmatrix}$$

2）确定 w_{1m}

计算 w_{1m} 时应以 U_1 为准则，分别以 U_{m1}，U_{m2}，$\cdots$，U_{mni} 作为次准则，求解 U_{11}，U_{12} 相对于因素 U_{m1}，U_{m2}，$\cdots$，U_{mni} 的排序列向量，从而得到超矩阵 W 的子块 w_{1m}。

例如：确定 w_{12}，以 U_1 为准则，再分别以元素组 U_2 元素中的 U_{21}，U_{22}，U_{23}，U_{24} 作为次准则，求解 U_{11}，U_{12} 相对于因素 U_{21}，U_{22}，U_{23}，U_{24} 的排序列向量，这里权重向量 $w_{12}^{(21)}$ 的计算方法与步骤和 $w_{11}^{(11)}$ 的一致，即

$w_{12} = (w_{12}^{(21)}, w_{12}^{(22)}, w_{12}^{(23)}, w_{12}^{(24)})^T$，同理可得 w_{13}，w_{14}，w_{15}。

$$w_{12} = \begin{pmatrix} w_{11}^{21} & w_{11}^{22} & w_{11}^{23} & w_{11}^{24} \\ w_{12}^{21} & w_{12}^{22} & w_{12}^{23} & w_{12}^{24} \end{pmatrix} \qquad w_{13} = \begin{pmatrix} w_{11}^{31} & w_{11}^{32} & w_{11}^{33} \\ w_{12}^{31} & w_{12}^{32} & w_{12}^{33} \end{pmatrix}$$

$$w_{14} = \begin{pmatrix} w_{11}^{41} & w_{11}^{42} & w_{11}^{43} & w_{11}^{44} \\ w_{12}^{41} & w_{12}^{42} & w_{12}^{43} & w_{12}^{44} \end{pmatrix} \qquad w_{15} = \begin{pmatrix} w_{11}^{51} & w_{11}^{52} & w_{11}^{53} & w_{11}^{54} \\ w_{12}^{51} & w_{12}^{52} & w_{12}^{53} & w_{12}^{54} \end{pmatrix}$$

3）确定 w_{2m}

计算 w_{2m} 时应以 U_1 为准则，分别以 U_{m1}，U_{m2}，$\cdots$，U_{mni} 作为次准则，求解 U_{11}，U_{12} 相对于因素 U_{m1}，U_{m2}，$\cdots$，U_{mni} 的排序列向量，从而得到超矩阵 W 的子块 w_{2m}。

例如：确定 w_{23}，分别以 U_{31}，U_{32}，U_{33} 作为次准则，求解 U_{21}，U_{22}，U_{23}，U_{24} 相对于因素 U_{31}，U_{32}，U_{33} 的排序向量，即

$$w_{23} = \begin{bmatrix} w_{21}^{31} & w_{21}^{32} & w_{21}^{33} \\ w_{22}^{31} & w_{22}^{32} & w_{22}^{33} \\ w_{23}^{31} & w_{23}^{32} & w_{23}^{33} \\ w_{24}^{31} & w_{24}^{32} & w_{24}^{33} \end{bmatrix}$$

同理可得

$$w_{21} = \begin{pmatrix} w_{21}^{11} & w_{21}^{12} \\ w_{22}^{11} & w_{22}^{12} \\ w_{23}^{11} & w_{23}^{12} \\ w_{24}^{11} & w_{24}^{12} \end{pmatrix} \qquad w_{22} = \begin{pmatrix} w_{21}^{21} & w_{21}^{22} & w_{21}^{23} & w_{21}^{24} \\ w_{22}^{21} & w_{22}^{22} & w_{22}^{23} & w_{22}^{24} \\ w_{23}^{21} & w_{23}^{22} & w_{23}^{23} & w_{23}^{24} \\ w_{24}^{21} & w_{24}^{22} & w_{24}^{23} & w_{24}^{24} \end{pmatrix}$$

$$w_{24} = \begin{pmatrix} w_{21}^{41} & w_{21}^{42} & w_{21}^{43} & w_{21}^{44} \\ w_{22}^{41} & w_{22}^{42} & w_{22}^{43} & w_{22}^{44} \\ w_{23}^{41} & w_{23}^{42} & w_{23}^{43} & w_{23}^{44} \\ w_{24}^{41} & w_{24}^{42} & w_{24}^{43} & w_{24}^{44} \end{pmatrix} \qquad w_{25} = \begin{pmatrix} w_{21}^{51} & w_{21}^{52} & w_{21}^{53} & w_{21}^{54} \\ w_{22}^{51} & w_{22}^{52} & w_{22}^{53} & w_{22}^{54} \\ w_{23}^{51} & w_{23}^{52} & w_{23}^{53} & w_{23}^{54} \\ w_{24}^{51} & w_{24}^{52} & w_{24}^{53} & w_{24}^{54} \end{pmatrix}$$

4）同理可以确定 w_{3m}，w_{4m}，w_{5m}

在 m（本章中 $m=5$）各准则层中，依次可以将 $m \times m$ 个子块全部计算出来，由此则可得到超矩阵 W：

$$W = \begin{pmatrix} w_{11} & w_{12} & \cdots & w_{1m} \\ w_{21} & w_{22} & \cdots & w_{2m} \\ \vdots & \vdots & \vdots & \vdots \\ w_{m1} & w_{m2} & \cdots & w_{mm} \end{pmatrix} = \begin{pmatrix} w_{11} & w_{12} & w_{13} & w_{14} & w_{15} \\ w_{21} & w_{22} & w_{23} & w_{24} & w_{25} \\ w_{31} & w_{32} & w_{33} & w_{34} & w_{35} \\ w_{41} & w_{42} & w_{43} & w_{44} & w_{45} \\ w_{51} & w_{52} & w_{53} & w_{54} & w_{55} \end{pmatrix}$$

（3）确定一级指标权重 A

一级指标权重 A 的计算方法与前面介绍的超矩阵计算方法原理一致，具体计算见表 9.4。

表 9.4 一级指标权重 A 计算结果

U_j	$U_1, \cdots, U_m$	排列向量（归一化）
U_1 $\vdots$ U_m	$j=1, 2, \cdots, m$	a_{1j} $\vdots$ a_{mj}

例如：计算加权矩阵 A 的第一列，则以 U 为准则，U_1 为次准则，U_1，U_2，$\cdots$，U_m 对 U_1 的影响大小进行两两间接优势度比较，从而得到归一化的排序向量 $(a_{11}, a_{21}, \cdots, a_{m1})^{\mathrm{T}}$。

同理，依次将 U_1，U_2，$\cdots$，U_m 作为次准则，分别计算出加权矩阵 A 的其他列，从而构成加权矩阵 A：

$$A = \begin{pmatrix} a_{11} & a_{12} & \cdots & a_{1m} \\ a_{21} & a_{22} & \cdots & a_{2m} \\ \vdots & \vdots & \vdots & \vdots \\ a_{m1} & a_{m2} & \cdots & a_{mm} \end{pmatrix} = \begin{pmatrix} a_{11} & a_{12} & a_{13} & a_{14} & a_{15} \\ a_{21} & a_{22} & a_{23} & a_{24} & a_{25} \\ a_{31} & a_{32} & a_{33} & a_{34} & a_{35} \\ a_{41} & a_{42} & a_{43} & a_{44} & a_{45} \\ a_{51} & a_{52} & a_{53} & a_{54} & a_{55} \end{pmatrix}$$

（4）确定加权超矩阵 $\overline{W}$

加权超矩阵 $\overline{W}$ 由元素组的相对权重 A 与超矩阵 W 的乘积得到，即

$$\overline{W}=AW=\begin{bmatrix} a_{11}w_{11} & a_{12}w_{12} & a_{13}w_{13} & a_{14}w_{14} & a_{15}w_{15} \\ a_{21}w_{21} & a_{22}w_{22} & a_{23}w_{23} & a_{24}w_{24} & a_{25}w_{25} \\ a_{31}w_{31} & a_{32}w_{32} & a_{33}w_{33} & a_{34}w_{34} & a_{35}w_{35} \\ a_{41}w_{41} & a_{42}w_{42} & a_{43}w_{43} & a_{44}w_{44} & a_{45}w_{45} \\ a_{51}w_{51} & a_{52}w_{52} & a_{53}w_{53} & a_{54}w_{54} & a_{55}w_{55} \end{bmatrix}$$

（5）确定 F－ANP 权重

$\overline{W}$ 的每一列相同，且每一列之和为 1，是加权矩阵。$\overline{W}$ 代表所有二级指标之间两两互相直接的影响程度。$\overline{W}^K$ 代表所有二级指标之间两两的 k 次间接影响程度。本章最终所要求得的极限排序向量是极限超矩阵 $\overline{W}^\infty$ 的列向量，它的作用是用来衡量 PCCP 管道安全风险评价的权重。在计算时，利用 SD 软件对加权超矩阵 $\overline{W}$ 通过自乘一直到每行的数字都一样时，就可以得到极限超矩阵，其中每一列归一化的向量即为各二级指标的权重 Q。

权重集 Q 满足非负性和归一性，记 $Q=\{q_1, q_2, \cdots, q_n\}$，即

$$q_i \geqslant 0，且 \sum_{i=1}^{m} q_i = 1$$

9.5　建立 PCCP 管道安全运行风险评价模型

9.5.1　确定评语集

评语集用集合表示为 $V=\{v_1, v_2, \cdots, v_n\}$，是对评价对象进行度量形成一种统一的评价等级的集合。根据 PCCP 管道运行的实际情况，从评语集中选择出最终的评价结果，作为 PCCP 管道运行的风险等级的判别依据。

可以根据实际情况的需要对评语集进行划分，划分数量应适中，避免因过多而对各等级间进行区分产生困难；过少时，PCCP 管道运行时的真实安全状况就不能完全被反映出来。参考常用的划分方法和实际工程的需要，采用"四分法"进行划分，即

$$V=\{v_1, v_2, \cdots, v_n\} = \{高风险，较高风险，较低风险，低风险\}$$

其中，$0 < v_i < 1$，且 $\sum_{i=1}^{5} v_i = 1$。

9.5.2　风险等级标准划分

对 PCCP 管道安全运行进行风险分析时，通过风险因素识别，在风险等级划分为 5 级的基础上，对 18 个二级评价指标给出定性评价标准，见表 9.5。

（1）管道安全系数指标值（P）根据管道实际厚度与管道设计标准厚度的比值确定，即

$$P = D_r / D_d$$

式中 D_r——管道实际厚度；

D_d——管道设计标准厚度。

（2）系统安全系数的指标值（q）根据管道最大允许操作压力与管道设计压力的比值来确定，即

$$q = F_r / F_d$$

式中 F_r——管道最大允许操作压力；

F_d——管道设计压力。

表 9.5   风险等级划分

风险指标	划分依据	风险等级划分			
		高风险	较高风险	较低风险	低风险
管道安全系数	p	$p<1.0$	$1.0 \leqslant p<1.5$	$1.5 \leqslant p<2.0$	$p \geqslant 2.0$
系统安全系数	q	$q<1.0$	$1.0 \leqslant q<1.5$	$1.5 \leqslant q<2.0$	$q \geqslant 2.0$
设计误操作	是否参照有关标准；设计标准年限	否	是；年限大于15年	是；年限介于5~15年	是；年限小于5年
施工误操作	是否是专业人员；操作能力高低	否	专业人员；能力较低	专业人员；能力一般	专业人员；能力较强
运行误操作	运行参数是否超过规定值	始终超过	经常超过	偶尔超过	未超过
维护误操作	是否进行定期维护；维护人员能力	否	是；能力较低	是；能力一般	是；能力较强
外腐蚀	外防护层防护能力；土壤腐蚀性强弱	较差；较强	较差；一般	较差；较弱	较好；较弱
内腐蚀	有无内层防护层；介质腐蚀性强弱	无；较强	有；较强	有；一般	有；较弱
应力腐蚀	应力变化频率；设计降压大小	频繁；大于1.5kPa	频繁；介于1.0~1.5kPa	中等；介于0.5~1.0kPa	中等；小于0.5kPa
活动频繁度	管道周围人类活动是否频繁；是否存在经常性施工	频繁；经常性	一般；偶然性	很少；不存在	无
安全预警度	是否安装安全预警系统；投入力度	否	是；很少投入	是；定期投入	是；连续运行并定期维护
管道保护度	管道沿线是否有安全标识；相隔距离	否	是；>500m	是；20~50m	是；<20m
管道巡视度	是否有安全专人对管道沿线进行巡视检查	否	是；每年一次	是；每季一次	是；每月一次

风险指标	划分依据	风险等级划分			
		高风险	较高风险	较低风险	低风险
溃堤与洪水	溃堤与洪水事故发生的可能性高低	较高	中等	较低	几乎没有
河水冲积	河水冲积事故可能性高低	较高	中等	较低	几乎没有
滑坡与泥石流	事故发生可能性高低	较高	中等	较低	几乎没有
地质坍塌	事故发生可能性高低	较高	中等	较低	几乎没有

9.6 模糊综合评判

（1）建立单因素模糊关系矩阵

从多维度风险描述考虑，本书从"风险概率"和"风险损失"两个角度来描述：

$$R = f(P, L)$$

式中　R——风险；

　　　P——风险概率；

　　　L——风险损失。

本书将根据工程的实际运行情况，选择 10 人成立专家组，主要包括 PCCP 管道设计人员、PCCP 管道施工人员、PCCC 管道系统管理人员，以及 PCCP 管道风险分析专家，采用问卷的形式对本书选取的每一个二级指标进行风险判断。根据专家组成员风险判断结果，进行单因素模糊评判，从而将 U 的关系转换成 V 的模糊关系，得到其模糊关系矩阵 R：

$$R_i = \begin{bmatrix} R_{i1} \\ R_{i2} \\ \vdots \\ R_{iti} \end{bmatrix} = \begin{bmatrix} r_{i1}^{(1)} & r_{i1}^{(2)} & \cdots & r_{i1}^{(n)} \\ r_{i2}^{(1)} & r_{i2}^{(2)} & \cdots & r_{i2}^{(n)} \\ \vdots & \vdots & \vdots & \vdots \\ r_{iti}^{(1)} & r_{iti}^{(2)} & \cdots & r_{iti}^{(n)} \end{bmatrix}$$

式中：$(i = 1, 2, \cdots, m)$；$r_{ij}^{(k)}$ $(i = 1, 2, \cdots, m; j = 1, 2, \cdots, t; k = 1, 2, \cdots, n)$ 表示二级指标 U_i 的第 j 个元素对于评价集 $V = \{v_1, v_2, \cdots, v_n\}$ 的第 k 个元素的隶属度。因此，这样的 $R_i = (r_{i1}^{(k)})_{ti \times m}$ 共有 m 个，组成模糊关系矩阵 $R = (R_1, R_2, \cdots, R_m)^{\mathrm{T}}$。

（2）评判集计算

评价指标体系的所有指标都直接或间接影响着目标体系的安全，因此将二级最终得到的 F-ANP 的权重 Q 与指标的模糊关系矩阵利用模糊算子方式进行合成：$B = Q \cdot R$，其中 · 表示模糊 $M(+, \cdot)$ 算子法，该算子法是在 $M(\oplus, \cdot)$ 的延伸。下面具体介绍 $M(\oplus, \cdot)$ 公式：

$$b_j = \sum_{i=1}^{n}(a \cdot r_{ij}) = \min\left\{1, \sum_{i=1}^{n} a_i \cdot r_{ij}\right\} (j = 1, 2, 3, \cdots, n)$$

当 a_i 具有归一化性质，$M(\oplus, \cdot)$ 中的 $\oplus$ 就变成＋，$M(\oplus, \cdot)$ 的运算表达式为

$$b_j = \sum_{i=1}^{n}(a \cdot r_{ij})(j = 1, 2, 3, \cdots, n)$$

且 $\sum_{i=1}^{n} a_i = 1$，此时求得 $B = Q \cdot R$，最后对评判集 B 可通过最大隶属度法、直观分析法或加权平均法等方法对其进一步处理，并最终确定出系统最后的风险评级。

9.7 本章小结

在对 PCCP 管道系统安全事故原因分析汇总的基础上，整理出合适完善的风险指标体系，以该指标体系为框架，找出各风险因素间的影响关系，并结合 PCCP 管道系统风险评价网络结构的特点和评价指标的模糊性特征，构建安全评价模型。该模型构建了 PCCP 管道系统 ANP 结构模型，根据指标间的影响关系，在 SD 软件的两两比较矩阵中输入数值计算权重，将最终得到的 F - ANP 的权重 Q 与指标的模糊关系矩阵 R 进行合成得到评判集 B，最后对评判集 B 通过最大隶属度法、直观分析法或加权平均法等方法对其进一步处理，并最终确定出系统最后的风险评级。

第 10 章

PCCP 安全风险评价模型实例验证

本章利用归纳总结法和历史统计法对 PCCP 长输管道安全风险因素进行了识别，PCCP 管道安全运行造成风险的关键影响因素，在此基础上建立了 PCCP 长距离输水管道安全运行的风险评价指标体系，并使用 SD 软件确定了两两比较时的各指标的权值，最终根据建立的 PCCP 长距离输水管道的综合风险评估模型，计算出各指标的综合权值大小，根据权值大小判断风险大小。本书拟选取南水北调中线配套工程南阳段为研究对象进行实例验证，将其中某段管段的安全性能作为应用总目标，搜集、调查设计运行相关资料并对其进行安全评价，以此将理论研究与实际应用相结合，具有实际意义。

10.1 南水北调中线配套工程南阳段背景概述

根据豫发改农经〔2011〕248 号批复的《可研报告》，向南阳市供水的分水口门共 7 座，为 2～7 号口门和 9 号口门，每年平均分配水量 4.914 亿 m³，向 6 座城市和 1 座移民安置区供水，其中 2 号望城岗分水口门向邓州市和新野县供水；3 号彭家分水口门向邓州市赵集镇移民安置区供水；4 号姜沟分水口门、5 号田洼分水口门和 6 号大寨分水口门向南阳市供水，同时 5 号口门向兰营水库充库；7 号半坡店分水口门分别向唐河县和社旗县供水；9 号十里庙分水口门向方城县供水。受水城市有 13 座水厂承接南水北调来水，其中规划水厂 8 座，改扩建水厂 5 座。需要修建提水泵站 2 座，布置 15 条输水线路，总长 160.92km，输水流量 22m³/s，工程总投资 154124 万元。

河南省供水配套工程南阳市境内管道穿越区域主要位于南阳盆地，地势平坦。河南省南水北调受水区供水配套工程南阳市供水配套工程输水管线沿途穿越河流共计 12 条，交叉断面 15 处，其中 20km² 以上交叉河流 11 条共 14 处，20km² 以下交叉河沟 1 条共 1 处。

10.2 待评价输水管段的确定

选取 4 号南阳姜沟分水口门输水管线，作为本书的待评价管段。选取该管段作为安全评价对象的主要原因是：该管段穿越河流、公路，位于 PCCP 事故频率高发区域，评价此输水管线具有典型代表意义。

10.2.1 待评价管段概况

（1）管线布置

4 号姜沟分水口门位于南阳市西部姜沟村西总干渠右岸，主要供南阳市西城区及白河以南城区用水，口门年均调配水量 5540 万 m³。

输水线路自分水口门涵洞末端向东南至规划枣庄路后，沿枣庄路向东至许庄北规划的原西环路，然后沿原西环路向南至许庄规划水厂，管道在曾庄村西穿越十二里河，输水线路全长 2.22m。管道设计流量为 2.5m³/s，采用 DN1400 预应力钢筒混凝土管（PCCP）。

4 号口门输水线路采用有压重力流输水，最大水平转角 89.76°，最大纵坡为 0.08°。

（2）管道防腐

根据地质报告环境水和土壤对混凝土和钢结构腐蚀性评价，土壤腐蚀等级大部分为强腐蚀性，4～6 号口门线路均需要进行防腐设计。PCCP 管材采用环氧煤沥青作为外防腐涂料，总干膜厚度不小于 0.6mm；钢制管道外防腐为特加强级，五油三布，涂层总厚度不小于 0.6mm。钢管、钢配件内防腐和 PCCP 的承插口处内防腐两种情况：①管道内径大于 DN1200 时，采用钢丝网水泥砂浆衬砌，水泥砂浆衬砌厚度为 20mm；②管径小于 DN1200 时，采用环氧饮水舱漆涂层，涂层总厚度不小于 0.4mm。

（3）输水线路阀件

根据工程布置和地形条件，在输水管沿线不同区段设置了满足不同功能要求的阀件设备，以保证输水管线安全运行和满足输水管线安装检修的要求。

10.2.2 地质情况

（1）该管线工程位于南阳盆地，地貌单元为岗地地带，局部为十二里河侵蚀的河谷地貌，该管线所走路线为：乡间道路、中州路延伸路、规划西环路，最后至规划水厂，交通便利。

（2）勘查范围内揭露地层主要为上第三系河湖相沉积（N）软岩、第四系统冲、洪积中细砂、粉质黏土及第四系全新统冲积层，局部河槽中可见淤泥层。

（3）本工程场区十二里河河西、东段地下水类型属松散岩土层孔隙、裂隙水，埋藏深度较深。在前期勘察期间，在十二里河河西段毛庄东南测得一民井水位埋深仅 1.50m，经调查为上层滞水，该区地下水对混凝土无腐蚀性；对混凝土中的钢筋无腐蚀性，对钢结构具弱腐蚀性。

（4）管线地质结构为黏性土均一结构，管底主要位于第②层粉质黏土层中，该层具弱膨胀潜势，设计上应采取处理措施，施工时要采取保护措施或预留保护层；膨胀土地区管道施工应做到快挖、快填、尽量缩短土体暴露时间。第②层粉质黏土（alplQ2）中局部存在上层滞水，施工时根据需要是否采取排水措施。

（5）穿十二里河倒虹吸地层结构为粘砂多层结构；地基槽开挖深度最大 9m 左右，倒虹底板位于第②层粉质黏土（alplQ2）及第③层中细砂中。粉质黏土具弱膨胀潜势，开挖施工过程中建议采取妥善保护措施，施工中对建基面预留保护层；另外，在施工时，建议将地表 1.1m 左右的第①层粉质黏土（alQ4）及河槽内的淤泥层进行清除。围堰施工时应考虑下部承压水的顶托破坏作用。

（6）场区土对钢结构腐蚀等级为强腐蚀性。

（7）工程区所需土料可利用挖方弃料，岩性主要为粉质黏土；所需混凝土粗骨料取自牡丹垛山料场；所需细骨料采用白河竹园寺西砂砾料场。

10.2.3　指标体系确定

对 PCCP 管道工程安全进行风险评价要做到客观真实，充分全面。本书参考大量其他输水、输气、输油等长距离运输管道的风险安全问题进行研究和汇总，并依据南水北调南阳段中线配套工程 PCCP 管道系统的实际工程概况，最后确定南阳段 PCCP 风险评价指标体系，见表 10.1。

表 10.1　　　　　　　　　南阳段 PCCP 风险评价指标体系

目标层	一级指标	二级指标
PCCP 安全评价指标体系	设计指标	管道安全系数
		系统安全系数
	误操作指标	设计误操作
		施工误操作
		运行误操作
		维护误操作
	腐蚀指标	外腐蚀
		内腐蚀
		应力腐蚀
	第三方破坏指标	活动频繁度
		安全预警度
		管道保护度
		管道巡视度
	自然指标	溃堤与洪水
		河水冲积
		滑坡与泥石流
		地质坍塌

该 PCCP 风险评价指标体系，共有 17 个关键风险指标。其中包括 2 项设计指标影响因素（管道安全系数 U_{11}，系统安全系数 U_{12}）；4 项误操作指标影响因素（设计误操作 U_{21}，施工误操作 U_{22}，运行误操作 U_{23}，维护误操作 U_{24}）；3 项腐蚀指标影响因素（外腐蚀 U_{31}，内腐蚀 U_{32}，应力腐蚀 U_{33}）；4 项第三方破坏指标影响因素（活动频繁度 U_{41}，安全预警度 U_{42}，管道保护度 U_{43}，管道巡视度 U_{44}）；4 项自然指标影响因素（溃堤与洪水 U_{51}，河水冲积 U_{52}，滑坡与泥石流 U_{53}，地质坍塌 U_{54}）。

10.2.4　构建风险因素集和风险评语集

（1）一级指标因素集

$U=U_i=\{U_{i1},U_{i2},\cdots,U_{in}\}(i=1,2,\cdots,m)=\{$设计指标,误操作指标,腐蚀指标,第三方破坏指标,自然指标$\}$。

（2）二级指标因素集

$U_1 = \{U_{11}, U_{12}\} = \{$管道安全系数，系统安全系数$\}$；

$U_2 = \{U_{21}, U_{22}, U_{23}, U_{24}\} = \{$设计误操作，施工误操作，运行误操作，维护误操作$\}$；

$U_3 = \{U_{31}, U_{32}, U_{33}\} = \{$外腐蚀，内腐蚀，应力腐蚀$\}$；

$U_4 = \{U_{41}, U_{42}, U_{43}, U_{44}\} = \{$活动频繁度，安全预警度，管道保护度，管道巡视度$\}$；

$U_5 = \{U_{51}, U_{52}, U_{53}, U_{54}\} = \{$溃堤与洪水，河水冲积，滑坡与泥石流，地质坍塌$\}$。

（3）风险评语集

$V = \{v_1, v_2, v_3, v_4\} = \{$高风险，较高风险，较低风险，低风险$\}$。

10.2.5 确定模糊判断矩阵

基于南阳段 PCCP 管道安全运行风险的数字描述，本书分别从 PCCP 管道风险发生的概率、风险发生的损失两个维度来描述风险，并进行两方面的单因素评价。

本次风险评价选取了熟悉南阳段 PCCP 管道系统的 10 位按合理比例的专家学者，主要包括 PCCP 管道设计人员、PCCP 管道施工人员、PCCC 管道系统管理人员以及 PCCP 管道风险分析专家。经过问卷调查的方式基于概率（Probability）、损失（Loss）对 PCCP 管道二级指标开展单因素评价。

通过对调查表的回收、整合工作，得到如下评估结果汇总，然后再通过简单处理，得到模糊关系矩阵。对关于风险概率评定和损失评定对风险要素进行整理评估，结果见表 10.2。

表 10.2　　　　　　　　　　　风险因素评价统计表

指标		概　率　评　定				损　失　评　定			
一级指标	二级指标	高风险	较高风险	较低风险	低风险	高风险	较高风险	较低风险	低风险
U_1	U_{11}	0	3	4	3	5	3	2	0
	U_{12}	0	1	5	4	4	4	1	1
U_2	U_{21}	1	2	3	4	4	3	3	0
	U_{22}	1	4	3	2	3	3	3	1
	U_{23}	1	3	4	2	2	4	2	2
	U_{24}	0	2	5	3	1	2	4	3
U_3	U_{31}	2	3	3	2	1	4	4	1
	U_{32}	1	3	4	2	1	3	5	1
	U_{33}	1	1	1	7	2	5	2	1
U_4	U_{41}	0	2	1	7	2	3	2	3
	U_{42}	1	2	2	5	1	5	2	2
	U_{43}	2	2	2	4	1	4	4	1
	U_{44}	2	1	2	5	0	2	5	3
U_5	U_{51}	0	1	1	8	5	3	2	0
	U_{52}	1	1	2	6	3	3	3	1
	U_{53}	0	1	2	7	4	3	3	0
	U_{54}	0	0	2	8	4	2	3	1

因此构造风险概率维度下模糊评判矩阵：

$R_1=(0 \quad 0.3 \quad 0.4 \quad 0.3)$，$R_2=(0 \quad 0.1 \quad 0.5 \quad 0.4)$，$R_3=(0.1 \quad 0.2 \quad 0.3 \quad 0.4)$，
$R_4=(0.1 \quad 0.4 \quad 0.3 \quad 0.2)$，$R_5=(0.1 \quad 0.3 \quad 0.4 \quad 0.2)$，$R_6=(0 \quad 0.2 \quad 0.5 \quad 0.3)$，
$R_7=(0.2 \quad 0.3 \quad 0.3 \quad 0.2)$，$R_8=(0.1 \quad 0.3 \quad 0.4 \quad 0.2)$，$R_9=(0.1 \quad 0.1 \quad 0.1 \quad 0.7)$，
$R_{10}=(0 \quad 0.2 \quad 0.1 \quad 0.7)$，$R_{11}=(0.1 \quad 0.2 \quad 0.2 \quad 0.5)$，$R_{12}=(0.2 \quad 0.2 \quad 0.2 \quad 0.4)$，
$R_{13}=(0.2 \quad 0.1 \quad 0.2 \quad 0.5)$，$R_{14}=(0 \quad 0.1 \quad 0.1 \quad 0.8)$，$R_{15}=(0.1 \quad 0.1 \quad 0.2 \quad 0.6)$，
$R_{16}=(0 \quad 0.1 \quad 0.2 \quad 0.7)$，$R_{17}=(0 \quad 0 \quad 0.2 \quad 0.8)$。

$$R_p=\begin{bmatrix} 0 & 0 & 0.1 & 0.1 & 0.1 & 0 & 0.2 & 0.1 & 0.1 & 0 & 0.1 & 0.2 & 0.2 & 0 & 0.1 & 0 & 0 \\ 0.3 & 0.1 & 0.2 & 0.4 & 0.3 & 0.2 & 0.3 & 0.3 & 0.1 & 0.2 & 0.2 & 0.2 & 0.1 & 0.1 & 0.1 & 0.1 & 0 \\ 0.4 & 0.5 & 0.3 & 0.3 & 0.4 & 0.5 & 0.3 & 0.4 & 0.1 & 0.1 & 0.2 & 0.2 & 0.2 & 0.1 & 0.2 & 0.2 & 0.2 \\ 0.3 & 0.4 & 0.4 & 0.2 & 0.2 & 0.3 & 0.2 & 0.2 & 0.7 & 0.7 & 0.5 & 0.4 & 0.5 & 0.8 & 0.6 & 0.7 & 0.8 \end{bmatrix}^T$$

同理，可以得出风险损失维度下的模糊评判矩阵：

$$R_L=\begin{bmatrix} 0.5 & 0.4 & 0.4 & 0.3 & 0.2 & 0.1 & 0.1 & 0.1 & 0.2 & 0.2 & 0.1 & 0.1 & 0 & 0.5 & 0.3 & 0.4 & 0.4 \\ 0.3 & 0.4 & 0.3 & 0.4 & 0.4 & 0.2 & 0.4 & 0.3 & 0.1 & 0.3 & 0.5 & 0.3 & 0.3 & 0.3 & 0.3 & 0.3 & 0.2 \\ 0.2 & 0.1 & 0.3 & 0.3 & 0.2 & 0.4 & 0.4 & 0.5 & 0.2 & 0.2 & 0.2 & 0.4 & 0.5 & 0.2 & 0.3 & 0.3 & 0.3 \\ 0 & 0.1 & 0 & 0.2 & 0.2 & 0.3 & 0.1 & 0.1 & 0.1 & 0.3 & 0.2 & 0.1 & 0.3 & 0 & 0.1 & 0 & 0.1 \end{bmatrix}^T$$

将风险概率维度下的模糊判断矩阵和风险损失维度下的模糊判断矩阵看做是平行关系，然后对二者进行简单的求平均，合成得到最终的单因素模糊判断矩阵：

$$R=\begin{bmatrix} 0.25 & 0.30 & 0.30 & 0.15 \\ 0.20 & 0.25 & 0.30 & 0.25 \\ 0.25 & 0.25 & 0.30 & 0.20 \\ 0.20 & 0.35 & 0.30 & 0.20 \\ 0.15 & 0.35 & 0.30 & 0.15 \\ 0.05 & 0.25 & 0.45 & 0.30 \\ 0.15 & 0.35 & 0.35 & 0.15 \\ 0.10 & 0.30 & 0.45 & 0.15 \\ 0.15 & 0.30 & 0.15 & 0.40 \\ 0.10 & 0.25 & 0.15 & 0.50 \\ 0.10 & 0.35 & 0.20 & 0.35 \\ 0.15 & 0.30 & 0.30 & 0.25 \\ 0.10 & 0.15 & 0.35 & 0.40 \\ 0.25 & 0.20 & 0.15 & 0.40 \\ 0.20 & 0.20 & 0.25 & 0.35 \\ 0.20 & 0.20 & 0.25 & 0.35 \\ 0.20 & 0.10 & 0.25 & 0.45 \end{bmatrix}$$

10.3 构建 FANP 模型

10.3.1 PCCP 管道安全运行风险分析网络

根据前文确定的 PCCP 安全评价指标体系及体系中指标间的相互影响关系，构建 PCCP 管道的 ANP 网络模型。ANP 网络模型包括控制层和网络层两个部分：控制层包括概率和损失两个准则。网络层包含 5 个一级指标，17 个二级指标。网络层中由于二级指标间存在相互的影响关系，所以二级指标对应的一级指标也存在必然的相互影响关系。这种影响关系通过调查研究分析和小组讨论方式给出，二级指标影响关系表见表 10.3。

表 10.3　　　　　　　　　　　　二级指标影响关系表

| | | U_1 | | U_2 | | | | U_3 | | | U_4 | | | | U_5 | | | |
		U_{11}	U_{12}	U_{21}	U_{22}	U_{23}	U_{24}	U_{31}	U_{32}	U_{33}	U_{41}	U_{42}	U_{43}	U_{44}	U_{51}	U_{52}	U_{53}	U_{54}
U_1	U_{11}	√	√		√	√	√					√	√		√	√	√	√
	U_{12}	√	√		√	√				√		√	√		√	√	√	√
U_2	U_{21}	√			√	√	√	√		√								
	U_{22}				√	√	√	√		√		√	√	√				
	U_{23}				√	√	√											
	U_{24}				√	√	√											
U_3	U_{31}							√		√								
	U_{32}								√	√								
	U_{33}		√		√			√		√								
U_4	U_{41}				√	√	√				√	√	√	√	√	√	√	√
	U_{42}										√	√	√	√				
	U_{43}										√	√	√	√				
	U_{44}										√	√	√	√				
U_5	U_{51}							√		√					√	√	√	√
	U_{52}							√		√					√	√	√	√
	U_{53}							√		√					√	√	√	√
	U_{54}							√		√					√	√	√	√

注　表中√表示横向纵向对应的两指标间存在影响关系。

10.3.2 构建 PCCP 管道风险分析指标权重计算模型

在 SD 网络模型中构建出因素间的彼此影响关系后，需要对图中选取的评价指标在不同的准则层下进行两两判断比较，从而求出各评价指标的权重。计算未加权超矩阵是分别以 5 个一级指标为准则层，17 个二级指标为次准则层，接着开始二级指标两两之间的直接重要程度的判断，那么有 85 个判别矩阵需要输入。而用 SD 软件进行计算时，会根据建立的网络关系，自动识别出未关联的指标，进行比较时会忽略，使计算过程更加简便。

在图 9.1 安全评价指标体系的基础上，在 SD 软件中建立元素间的相互影响关系模型，步骤如下：

第一步，打开 SD 软件显示的主界面如图 10.1 所示。

此时，SD 软件已自动创建了一个模式，也可通过单击 File→New，在出现的对话框中选择合适的模板进行创建，如图 10.2 所示。

图 10.1 SD 软件主界面

图 10.2 模式创建

第二步，创建元素集 Cluster。

在 SD 软件中创建 PCCP 管道风险分析的各个元素组，即创建各一级指标，包括设计指标、误操作指标、腐蚀指标、第三方破坏指标、自然指标，其步骤为在 SD 软件主视窗的菜单栏中点击 Design→Cluster→New，如图 10.3 所示。

此时弹出如图 10.4 所示的对话框，在"Name"框内输入指标名称，在"Description"框内输入对指标的相关定义描述，"Main Font"更改字体大小，"Icon"改变元素集图标，"Color"改变元素集颜色，单击"Creat Another"，完成所有元素集即一级指标的创建。反复执行上述步骤，直到创建所有元素集，如图 10.5 所示。

第三步，创建元素 Node。

在 SD 软件中创建 PCCP 管道风险分析各个元素组中的元素，即一级指标下的二级指标。步骤：在 SD 软件主视窗的菜单栏中单击 Design→Node→New，如图 10.6 所示。

接着弹出如图 10.4 所示对话框，选择需要添加元素的元素组，确定后弹出如图 10.7 所示对话框，在对话框中"Name"框内输入二级指标名称，在"Description"框内输入对二级指标的相关定义描述，"Main Font"更改字体大小，"Icon"改变元素图标，"Color"改变元素颜色，点击"Creat Another"，完成所有元素即二级指标的创建。重复操作以上步骤直到所有一级指标相对应的二级指标创建完成，如图 10.8 所示为元素集和对应元素示意图。

图 10.3　创建 Cluster 步骤示意图

图 10.4　元素组属性对话框图

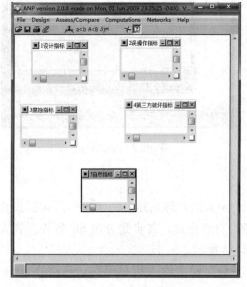

图 10.5　元素集示意图

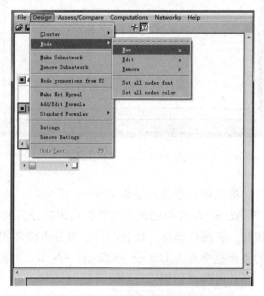

图 10.6　Node 创建步骤示意图

第四步，创建元素集和元素之间的联系。

根据表 10.3 确定元素之间的相互关系，并在 SD 软件中完成这种关系的建立。在 SD 软件主视窗的菜单栏中点击 Design→Node connexious from，如图 10.9 所示为 Connexions 创建步骤示意图。

接着弹出如图 10.10 所示对话框，选择目标元素，确定后在弹出的如图 10.11 所示对话框中根据指标之间的影响关系，点击那些与之相关的所有指标。重复此步骤，直到所有指标间的联系被创建，从而得到如图 10.12 所示的 PCCP 管道安全运行风险分析 ANP 网络结构。

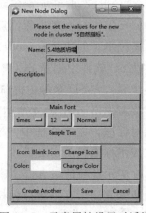

图 10.7　元素属性设置对话框

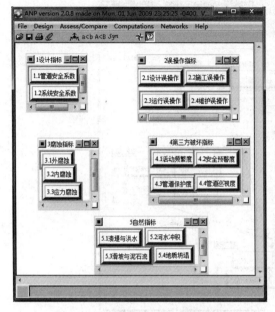
图 10.8 元素集和对应元素示意图

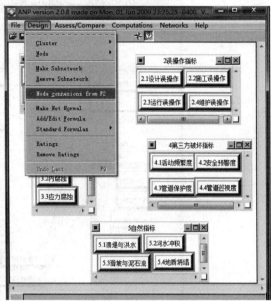
图 10.9 Connexions 创建步骤示意图

图 10.10 二级目标元素对话框

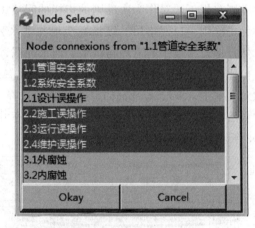
图 10.11 建立连接对话框

上述操作，已经完成了对 PCCP 管道风险评价的 ANP 模型创建工作。下面根据专家的经验判断，在 SD 软件中的一级指标元素集合二级指标所有元素之间，根据彼此之间的影响关系，分别在两两判断矩阵中输入数值，对其进行计算后就能得到最终需要的数据。

10.3.3 元素超矩阵（以风险概率为主准则为例）

在南阳段 PCCP 管道运行系统风险分析指标权重计算模型中，根据建立的 ANP 网络结构，以控制层的某一准则例如风险概率为主准则，以风险概率准则下的 1 个一级指标为次准则，分别比较每个元素组内的所有二级指标之间的相互影响程度，从而求得在主准则

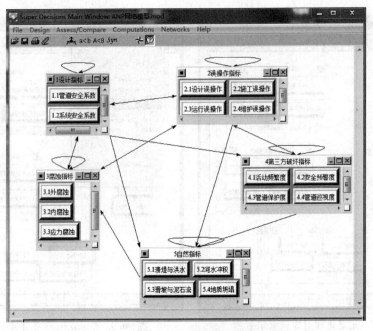

图 10.12　ANP 模型图

和次准则前提下，对作为次准则的指标的间接重要度进行比较。例如，以控制层里的风险概率为主准则，以网络层一级指标溃堤与洪水为次准则，在这 2 个准则为目标的前提下，对自然指标元素组中的溃堤与洪水、河水冲积、滑坡与泥石流、地质坍塌 4 个元素进行两两赋值比较。在 SD 软件中按照顺序依次单击 Assess/Compare→Node Comparisons，在弹出的对话框中，With respect to node 选项选择"溃堤与洪水"（次准则），Cluster 选项选择"自然指标"元素组；然后在弹出的对话框中，按 1～9 标度进行两两比较打分，如图 10.13 所示，图中箭头所指为优势元素。

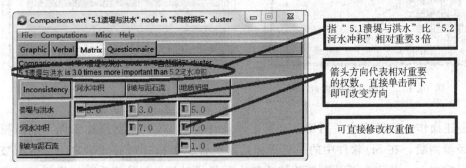

图 10.13　矩阵模式

在 SD 中有输入方式可选择 Matrix（矩阵模式）、Verbal（语意模式）、Graphic（圆形模式）、Questionnaire（量表模式）4 种输入方式，下面逐一进行介绍。

矩阵的数据输入则是依据相对尺度 1～9 级的相对权重，图 10.13 中的箭头方向表示相对重要的属性节点，数字则代表权重值。若要改变箭头方向可直接点击两下箭头；若犯不一致性的错误，或是有人为的输入错误，可直接在矩阵模式中直接输入，改变相对的权重值。

　　文字类型通常会使用［相等］、［普通］、［强烈/重要］、［非常强烈/重要］、［极强烈/重要］，表示受测者对问题的感受程度，若以数字表示权重值：1＝［一样重要］、3＝［稍微重要］、5＝［重要］、7＝［极强烈/重要］、9＝［绝对强烈/重要］。但受测者所表示的语意有可能是属于［普通］，也可能是［强烈/重要］，抑或是介于两者之间的尺度。且在比较时第一个属性节点对其他的节点占有优势，若要以反向比对显示则单击图 10.14 中的 Invert Comparison（反向比对）。

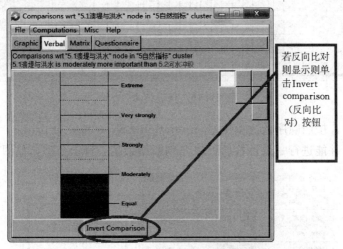

图 10.14　语意模式

　　从图 10.15 中单击 No comparison 可使用 dragging（拖拽）功能来调整所比对项目的权重值，从长条图的长短关系、圆饼图的比例关系，可以得知两比对项目的相对权重。

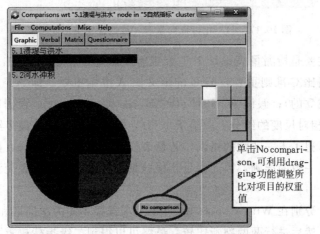

图 10.15　圆形模式

　　在这种模式下，选择判断的一侧最主要的元素，即最重要的或最优先考虑的元素。为了调整重要顺序，单击相同的判断在这一排的另一边的 1，靠近更重要或更优先的节点。此模式为最常使用模式，其使用界面与量表的呈现模式是相同的，界面上的量表显示也更为细致，可直接将所得的量表资料直接在图 10.16 单击输入。

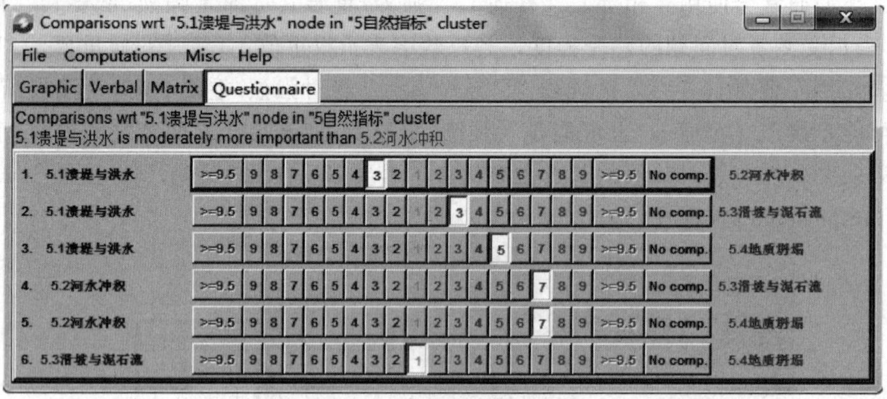

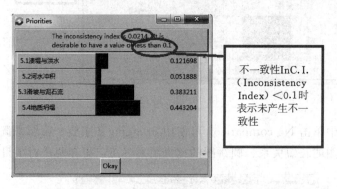

图 10.16　量表模式

在图 10.13 中，按照顺序依次单击 Computation→Show new priorities，可进行归一化特征向量的计算，并能进行一致性检验，以此判断结果是否科学合理，如图 10.17 所示。

图 10.17　归一化特征向量和一致性检验结果展示框

一致性检验主要是检测量表设计上是否犯有逻辑上的错误。例如，假设 A 准则比 B 准则重要，B 准则比 C 准则重要，但 C 准则又比 A 准则重要（即 A＞B，B＞C，C＞A，这在逻辑上是不成立的）；假设 A＞B 且 A＝5B，B＞C 且 B＝3C，根据逻辑推论 A 应是 C 的 15 倍，所以在相对尺度的给分上应给予 15 分，但在测量尺度上最多给予 9 分。

以上两种情形犯了不一致性的错误，若量表设计上出现此类错误，则成对比较结果输出时会显示产生不一致的准则，因此需重新检验量表的设计，或检查受测者是否因题目语意而填写错误。

按上述步骤，分别在 With respect to node 选项选择不同的次准则和在 Cluster 选项选择不同的元素组，然后进行两两判断比较，最终可以得到二级指标权重下的超级矩阵，将矩阵报表输出到 excel 表格里，以方便数据资料的储存与携带（图 10.18）。概率准则下一级指标未加权矩阵如附录表 1.1。

保存成 XXX.txt 格式的文件后，启动 Excel 表格，将数据导入到 Excel 表格中，如图 10.19 所示。

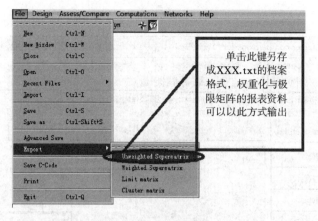

图 10.18　数据输出

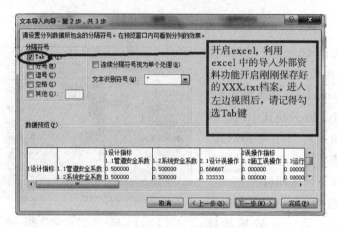

图 10.19　输出过程

同理，可求得在风险损失准则下的一级指标未加权矩阵见附录表 1.3。

10.3.4　元素组权矩阵

由于二级指标间相互影响，因此导致一级指标间也存在影响关系。本书对 PCCP 管道进行风险评价时确定了 5 个一级指标，所以 5 个一级指标间也需要确定 5 个判断矩阵，构成层次权重矩阵 U。这 5 个判断矩阵分别以 5 个一级指标作为次准则层，其他指标对其的影响大小两两进行间接优势度比较，例如，以设计指标元素组为次准则，以此为考虑前提，对影响次准则的各个一级指标进行两两比较，从而得到归一化的排序向量。

在 SD 软件中点击 Assess/Compare→Cluster Comparisons 弹出对话框，在弹出对话框的 With respect to cluster 选项选择"设计指标"（次准则）；确定后，对元素进行两两比较，并按 1～9 标度进行打分，如图 10.20 所示，图中箭头所指为优势元素；在图 10.20 对话框的菜单栏中，单击 Computation→Show new priorities 按钮，可显示计算出的归一化特征向量，并能进行一致性检验，如图 10.21 所示。按上述步骤，分别在 With respect to node 选项选择不同的元素组作为次准则，然后进行两两比较。最终可以得到一级指标权重下的权矩阵。

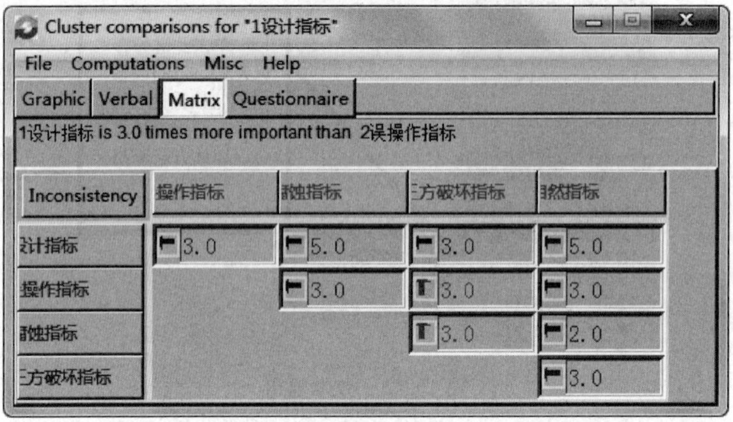

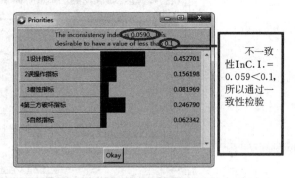

图 10.20 元素两两对比对话框

在 SD，可选择 Graphic（圆形模式）、Verbal（语意模式）、Matrix（矩阵模式）、Questionnaire（量表模式）4 种输入方式，图 10.20 只是其中的一种表现形式（矩阵模式）。不管哪种形式，其结果都是相同的，因此在具体操作时只需要在一种形式下输入即可。

图 10.21 归一化特征向量和一致性结果展示框

依次将设计指标 U_1、误操作指标 U_2、腐蚀指标 U_3、第三方破坏指标 U_4、自然指标 U_5 作为次准则，分别计算出元素组权矩阵 A 的其他列，从而构成元素组权矩阵 A。概率准则下的元素组权重矩阵如图 10.22 所示，损失准则下的元素组权矩阵如图 10.23 所示。

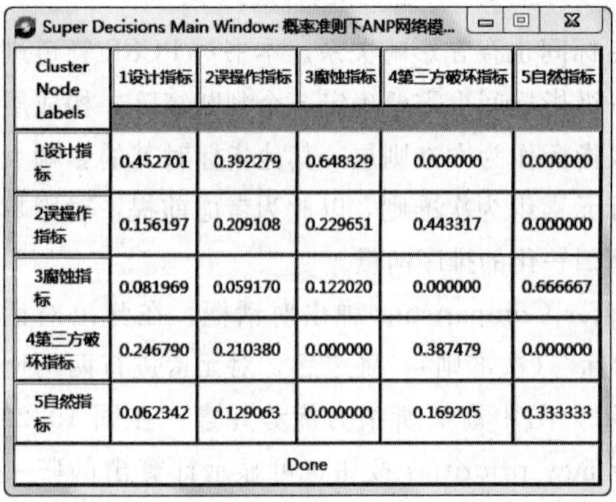

Super Decisions Main Window: 概率准则下ANP网络模...

Cluster Node Labels	1设计指标	2误操作指标	3腐蚀指标	4第三方破坏指标	5自然指标
1设计指标	0.452701	0.392279	0.648329	0.000000	0.000000
2误操作指标	0.156197	0.209108	0.229651	0.443317	0.000000
3腐蚀指标	0.081969	0.059170	0.122020	0.000000	0.666667
4第三方破坏指标	0.246790	0.210380	0.000000	0.387479	0.000000
5自然指标	0.062342	0.129063	0.000000	0.169205	0.333333

Done

图 10.22 概率准则下元素组权矩阵

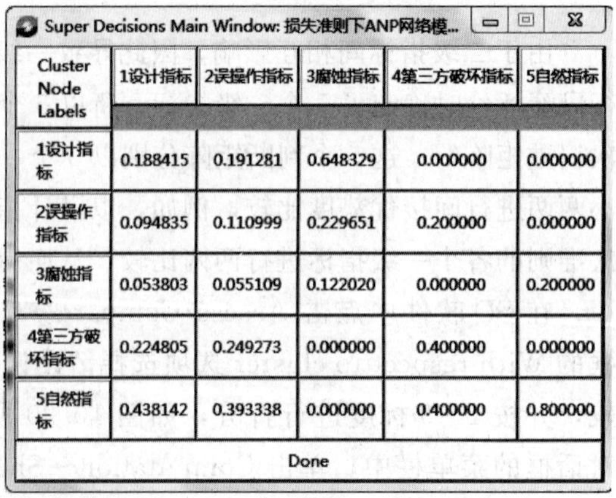

Super Decisions Main Window: 损失准则下ANP网络模...

Cluster Node Labels	1设计指标	2误操作指标	3腐蚀指标	4第三方破坏指标	5自然指标
1设计指标	0.188415	0.191281	0.648329	0.000000	0.000000
2误操作指标	0.094835	0.110999	0.229651	0.200000	0.000000
3腐蚀指标	0.053803	0.055109	0.122020	0.000000	0.200000
4第三方破坏指标	0.224805	0.249273	0.000000	0.400000	0.000000
5自然指标	0.438142	0.393338	0.000000	0.400000	0.800000

Done

图 10.23 损失准则下元素组权矩阵

10.3.5 加权超矩阵和极限超矩阵

加权超矩阵 $\overline{W} = A \cdot W$，即加权超矩阵等于元素超矩阵与元素组超矩阵的乘积，即对无权超矩阵进行处理成为加权超矩阵。概率准则下加权超矩阵如附录表 1.3。损失准则下加权超矩阵如附录表 1.4。

对加权超矩阵通过无限次自乘，一直到每行的数字都一样时，就得到了极限超矩阵，此时每一列数字之和都为 1。概率准则下极限超矩阵如附录表 1.5。损失准则下，极限超矩阵如附录表 1.6。此时每一列归一化的向量对应各二级指标的权重 Q。概率准则下各二级指标权重如图 10.24 所示。损失准则下各二级指标权重如图 10.25所示。

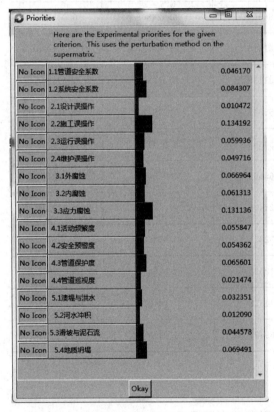

图 10.24 概率准则下二级指标权重

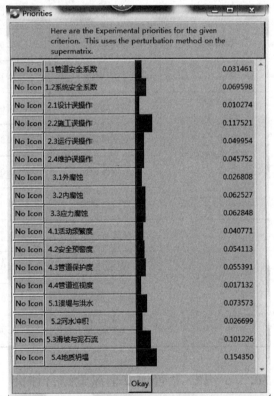

图 10.25 损失准则下二级指标权重

假设概率准则下和损失准则下权重平行，进行简单的平均计算即为最终的二级指标权重，如表 10.4 二级指标权重。

最终的指标权重 $Q =$ (0.038816，0.076953，0.010373，0.125857，0.054945，0.047734，0.046886，0.061920，0.096992，0.048309，0.054238，0.060496，0.019294，0.052962，0.019395，0.072902，0.111921)。

表 10.4   二 级 指 标 权 重

元素组	指 标	概率准则下权重	损失准则下权重	平均权重
设计指标	管道安全系数	0.046170	0.031461	0.038816
	系统安全系数	0.084307	0.069598	0.076953
误操作指标	设计误操作	0.010472	0.010274	0.010373
	施工误操作	0.134192	0.117521	0.125857
	运行误操作	0.059936	0.049954	0.054945
	维护误操作	0.049716	0.045752	0.047734
腐蚀指标	外腐蚀	0.066964	0.026808	0.046886
	内腐蚀	0.061313	0.062527	0.061920
	应力腐蚀	0.131136	0.062848	0.096992
第三方破坏指标	活动频繁度	0.055847	0.040771	0.048309
	安全预警度	0.054362	0.054113	0.054238
	管道保护度	0.065601	0.055391	0.060496
	管道巡视度	0.021474	0.017113	0.019294
自然指标	溃堤与洪水	0.032351	0.073573	0.052962
	河水冲积	0.012090	0.026699	0.019395
	滑坡与泥石流	0.044578	0.101226	0.072902
	地质坍塌	0.069491	0.154350	0.111921

10.3.6 PCCP 管道安全风险综合评价

本节选取的所有二级指标都直接或间接地影响着南阳段 PCCP 管道系统的安全运行，将二级指标权重 Q 与指标的模糊关系矩阵 R 进行合成时，采用模糊 $M(+，\cdot)$ 算子法因进行计算，从而得到最终的评判集 B。

评判集 B 中的数值是经过归一化处理的结果，本书采用的加权平均模型比较全面地考虑了所有指标权重的信息。对评判集 B 通过最大隶属度分析法或加权平均法等方法对其进一步处理，最终确定出系统最后的风险评级，从而得到南阳段 PCCP 管道系统的风险状态。

$$B = QR = \begin{bmatrix} 0.038816 \\ 0.076953 \\ 0.010373 \\ 0.125857 \\ 0.054945 \\ 0.047734 \\ 0.046886 \\ 0.061920 \\ 0.096992 \\ 0.048309 \\ 0.054238 \\ 0.060496 \\ 0.019294 \\ 0.052962 \\ 0.019395 \\ 0.072902 \\ 0.111921 \end{bmatrix} \begin{bmatrix} 0.25 & 0.30 & 0.30 & 0.15 \\ 0.20 & 0.25 & 0.30 & 0.25 \\ 0.25 & 0.25 & 0.30 & 0.20 \\ 0.20 & 0.30 & 0.30 & 0.20 \\ 0.15 & 0.35 & 0.30 & 0.20 \\ 0.05 & 0.20 & 0.45 & 0.30 \\ 0.15 & 0.35 & 0.35 & 0.15 \\ 0.10 & 0.30 & 0.45 & 0.15 \\ 0.15 & 0.30 & 0.15 & 0.40 \\ 0.10 & 0.25 & 0.15 & 0.50 \\ 0.10 & 0.35 & 0.20 & 0.35 \\ 0.15 & 0.30 & 0.30 & 0.25 \\ 0.10 & 0.15 & 0.35 & 0.40 \\ 0.25 & 0.20 & 0.15 & 0.40 \\ 0.20 & 0.20 & 0.25 & 0.35 \\ 0.20 & 0.20 & 0.25 & 0.35 \\ 0.20 & 0.10 & 0.25 & 0.45 \end{bmatrix} = \begin{bmatrix} 0.16660400 \\ 0.16854480 \\ 0.27438085 \\ 0.29981890 \end{bmatrix}^T$$

（1）最大隶属度分析法

评判集 B 中的最大值为 0.29981890，根据最大隶属度分析方法，其对应的评价集为低风险。

（2）加权平均法

评语集 $V = \{v_1, v_2, v_3, v_4\} = \{$高风险，较高风险，较低风险，低风险$\}$ 中 4 个风险等级看成 4 个区间，并按照 0～100 合理划分赋值，把中间值作为 4 个评价等级对应的数值见表 10.5。B 中数值为相应权重。

表 10.5　　　　　　　　　　　　评 价 集 赋 值 表

评价集	高风险	较高风险	较低风险	低风险
评分区间	(100, 75]	(75, 50]	(50, 25]	(25, 0]
中间值	87.5	62.5	37.5	12.5
对应权重	0.16660400	0.16854480	0.27438085	0.29981890
综合结果	35.7			

按照加权平均法，得到最终综合评价结果为 35.7 分，介于低风险和较低风险之间，偏向较低风险。

本书将模糊综合评价与网络分析法相结合得到评判集 B，并对评判集进行处理分析。最大隶属度分析法表明南阳段 PCCP 管道工程处于低风险状态，加权平均法分析表明其处于较低风险状态，两种分析方法表明南阳段 PCCP 管道工程处于相对低风险状态。

10.4 本章小结

本章以南阳段 PCCP 管道工程为例，根据建立的 PCCP 管道风险评价模型对 PCCP 管道的风险状况进行了综合评价。

首先运用网络分析法构建因素间相互关系模型，其次对因素间影响程度做出判断进行赋值并用 SD 软件计算权重，最后用模糊综合评判法与网络分析法相结合求出评判集，用最大隶属度分析法和加权平均法对评判集进行评价。

第 11 章

结 论 及 展 望

11.1 主要结论

本书简要总结了 PCCP 管道近几十年来的发展和研究状况，结合计算软件和实际管线工程对管道的设计理论和管道内力计算方法进行了验证和探讨，以此来初步确定管道的薄弱部位。继而采用 ANSYS 有限元分析软件，在合理假设的情况下建立了有限元模型，对比正常使用状态和正常使用极限状态来研究各荷载作用下内外管芯、保护层的应力分布和发展规律，得出管道内力的主要影响因素即预应力和内压。修改有限元模型，模拟预应力损失不同阶段作用超载内压时各混凝土层的破坏过程，对比各层的应力发展变化曲线找到各层的开裂临界内压，明确了预应力损失对各层的影响。对地下埋管的动力特性与动力响应进行了分析研究。分析了不同人工边界条件下的地震响应，选择出适合地下结构动力分析的边界条件。考虑了不同的不均匀场地和均匀场地、不同的地震波特性（入射角变化、位移峰值变化和加速度峰值变化）和不同的 PCCP 特性（不同的埋设深度、不同的管壁厚度和不同的混凝土强度），得到了 PCCP 的地震响应结果。通过分析对比，找出了 PCCP 地震响应的主要影响因素。运用模糊网络分析法，以南阳段为例，分析了影响 PCCP 运行期的各种风险因素。总结得出以下结论：

（1）内力计算：结合实例采用了 AWWA C304 规范中的 PCCP 管道应力应变的迭代试算法。迭代试算的重点是两个参数 ν_2 和 k 的取值范围。根据拉应力控制原则，以不出现拉应力为目标确定受拉区厚度与总厚度的比值 k 的取值范围为（0，1）；以受拉区不出现可见裂缝确定受拉区边缘的应变值 ν_2 的取值范围为（—1，10）。

（2）应力分布和变化的规律：正常运行状况下，内层管芯的内外侧与外层管芯的内侧变化相似，外侧管芯的外侧与混凝土保护层的内外侧变化相似。预应力使内外管芯产生环向预压应力，砂浆中不产生预应力；管道自重、覆土荷载、水重的作用下内外层管芯管顶、管底部位压应力减小，管腰部位压应力增大，外层管芯外侧及保护层则正好相反；在内压作用下，管体膨胀，各混凝土层均表现为压应力减小，拉应力增大。

（3）荷载影响规律：管道自重和水重对管道各层的应力影响均不大，覆土荷载对荷载贡献最大，其引起的应力变化幅度也最大，预应力和瞬时内压是极限状态下的控制荷载，也是裂缝的重要控制因素。

（4）裂缝开展规律：在 PCCP 管道内压超载的情况下，随着内压的不断增大，管腰处砂浆最先开裂，并且不断向两侧扩展，接着包角处砂浆开始屈服开裂，管顶、管底砂浆最后出现屈服；随着内压进一步增大，管顶、管底处内层管芯内侧混凝土屈服开裂，裂缝不断向两侧扩展，同时也不断向管芯外部扩展，最后管腰处外层管芯外侧混凝土开裂。

（5）预应力损失影响：预应力损失下，各层混凝土的屈服内压都有下降，由于混凝土保护层本身的屈服内压较小，故预应力损失对混凝土保护层的包角影响最为明显。预应力损失达到25%时，包角部位的屈服内压由无损失时的1.0MPa降至0.9MPa，预应力损失达到50%时，包角部位的屈服内压由0.9MPa降至0.8MPa。

（6）三种不同人工边界条件（简单边界、黏性边界、等效黏弹性边界）对结构的地震响应的影响分析结果表明：等效黏弹性边界即等效的一致黏弹性边界是最能反映实际的人工边界。这是由于这种边界考虑了散射波的辐射效应以及地震波的波动在入射上的幅值和相位的变化，它在不同的计算范围下变化幅度更快，趋于稳定最明显，对于分析开放式系统中近场波动问题的土-结构的动力反应分析是最能反映实际的人工边界，所以本文及其后续研究结构的动力分析上建议使用黏弹性边界。虽然简单边界下的结构响应位移值最小，也最稳定，但是由于在动力分析中，存在能量的吸收和波的折射、散射等现象，这种刚性地基下固定边界的设定不符合实际情况，况且在不同的计算范围下，简单边界的响应位移基本没有变化，这种约束在结构的动力特性分析中不推荐使用。

（7）不同场地对结构动力响应的影响是：不均匀场地中埋设的地下管段的地震响应大于均匀场地中的，并且场地越不均匀，管道的地震响应管线的动应力越大。

（8）均匀场地下PCCP的动力分析结果表明：管道的刚度不变时，随着土层条件由硬到软的变化（从粉砂到粉土再到黏土），管道的应力和位移值均逐步增大。地下结构在相对软弱的地基下，比较容易出现大的相对位移，同时在软弱土层下受到地震作用时土层自身更易破坏，导致埋设在其中的管道进而更易受到破坏。所以在实际工程中，对于地下埋设管道，场地特征尤为重要。对于管道下部铺设的垫层尽量应选择相对坚硬的土体，进而减少动荷载下结构的破坏。

（9）地震波的特性（入射角、位移峰值和加速峰值）对PCCP的影响是：管道的动应力随着地震波入射角的变化而变化，入射角即地震波传播方向和管轴向的夹角为零时，动应力最大。管道的动应力主要取决于地震波的位移大小，地震波的位移峰值改变时，管的最大轴向应力和最大弯曲应力的数值随着位移数值的增大而增大，呈现线性变化规律，并且轴向应力变化幅度比弯曲应力大。地震波加速度峰值的变化对结构动应力几乎不产生影响。

（10）埋设深度和管道厚度对于结构动力响应的影响是：随着埋深的变化，结构的动应力几乎不变，即结构的动应力与管道埋深关系不大；但是当管壁厚度变化时，管道的最大轴向应力会随着管道壁厚的增加而减小，而最大弯曲应力略有增加但变化很小。

（11）在改变管道自身刚度（管壁厚度和混凝土强度）的情况下，地震的响应位移基本不变。所以在今后的工程建设中，通过提高管道自身刚度（提高管芯混凝土的强度）是不能改善系统的抗震性能的，可以适当将管道的壁厚做一定调整（适当减小厚度），以达到抗震性能的改善。

（12）提出ANP分析方法与模糊综合评价法相结合的思想，对专家评分法进行改进。将SuperDecisions应用到管道安全评价中，首先对风险因素进行识别分析、筛选，并以此确定最终的评价指标体系，然后运用模糊网络法创建评价模型并赋值计算，以此得出最后的安全评价结果，最后结合南水北调南阳段 PCCP 管道工程的实际案例，运用本书所使用的研究方法对管道现状进行综合评价。

11.2　展望

本书仅对 PCCP 管道的有限元模拟方面进行了诸多简化，虽然取得了一些结论，但在研究过程中仍然存在一些不足：

（1）对预应力损失的研究没有考虑断丝对局部混凝土部位的影响，只研究了对管道整体的影响。预应力损失工况划分不够详细。

（2）钢绞线预应力的施加采用了初应变法，没有考虑钢丝与混凝土层之间的非线性影响，也忽略了混凝土的收缩和徐变效应。

（3）影响地下管线震害的主要因素有很多，除文中所述因素外，管线接口处也是地下管线抗震的薄弱环节，在随后的研究中可以通过处理接头问题，得到进一步的数据，以利于后续研究。

（4）在地震波的空间效应上，本书仅考虑了局部场地效应下（场地土壤条件不同）带来的结果，对于由地震波在地层不同介质中发生折射、散射等问题，还有地震波的部分相干效应以及行波效应等仍需进一步的研究。

（5）PCCP 管道运行期安全评价指标体系还有很多需要改进之处，如何更细致全面地划分指标，以及逐步完善评价指标体系将是今后研究的重点。

参 考 文 献

[1] 张树凯. 预应力钢筒混凝土管发展回顾与前景展望 [J]. 混凝土与水泥制品, 2007 (2): 25-28.

[2] 张树凯. 预应力钢筒混凝土管 (PCCP) 发展回顾与前景展望——PCCP 已成为我国 21 世纪铺设高工压、大口径输水管道的首选管材 [J]. 辽宁建材, 2009 (6): 14-17.

[3] 魏新宇, 马念尊, 李杏敏. 预应力钢筒混凝土管 (PCCP) 在给水管道工程中的应用 [J]. 管道技术与设备, 2001 (2): 30-32.

[4] 秦允斌. 大直径 PCCP 管道在型引水工程中的应用 [J]. 特种结构, 2003, 20 (3): 54-55.

[5] 张彩秀. 预应力钢筒混凝土管 (PCCP) 的有限元分析 [D]. 天津: 天津大学, 2005.12: 3-7.

[6] 潘一毅. 预应力钢筒混凝土管回顾与展望 [J]. 混凝土与水泥制品, 2004 (6): 30-31.

[7] 郑剑锋. 南水北调中线京石段应急工程 (北京段) PCCP 管道试验段施工经验及建议 [J]. 水利规划与设计. 2007 (4): 67-69.

[8] 李继平. PCCP 管在万家寨引黄工程中的成功应用 [J]. 山西建筑, 2007, 33 (24): 365-366.

[9] 郭永峰. 山西引黄 PCCP 输水工程的实践 [J]. 特种结构, 2003, 20 (4): 40-41.

[10] 钟瑞喜, 山西省万家寨引黄工程连接段 PCCP 管道的施工 [J]. 科技情报开发与经济, 2007, 17 (2): 293-294.

[11] 王自本, 新班济乌工程中平行双线 PCCP 管的施工 [J]. 山西水利科技, 2004 (2): 20-22.

[12] 余洪方, 沈丽华. 国内预应力钢筒混凝土管技术现状调查与分析 [J]. 混凝土与水泥制品, 2005, 9 (4): 26-29.

[13] 李洪志. 大口径预应力钢筒混凝土制管技术研究 [D]. 大庆: 大庆石油学院, 2009.

[14] 刘雨生, 翟荣申. 预应力钢筒混凝土管的结构计算方法简介 [J]. 特种结构, 2003, 20 (4): 10-13.

[15] 张亚平, 预应力钢筒混凝土管的应用. 施工材料与设备, 1999, 25 (5): 54-57.

[16] 苏胜, 王志峰, 牛永胜. 预应力钢筒混凝土 (PCCP) 管道水压试验方法改进. 中国给水排水, 2006, 22 (10): 100-101.

[17] 白耀华, 刘洋, 严亦洲, 等. 基于流固耦合计算的 PCCP 管爆管原因分析 [J]. 中国农村水利水电, 2011 (5): 53-55.

[18] American National Standards Institute. ANSI/AW C3OI—2007. AW standard for prestressed concrete Pressure pipe, steel - cylinder type. Denver, Colorado: American Water Works Association, 2007.

[19] 预应力钢筒混凝土管: GB/T 19685—2005 [S]. 北京: 中国标准出版社, 2005.

[20] Lewis R. A., Wheatley M.. Prestressed concrete cylinder pipe evaluation, a toolbox approach // Najafi. M. PIPelines2003: New Pipeline Technologies, Security, and Safety. Baltimore, Maryland: ASCE, 2003.

[21] 李珠, 刘元珍, 闫旭, 等. 引黄入晋: 万家寨引黄工程综述及高新技术应用 [J]. 工程力学, 2007 (2): 21-32.

[22] 胡士信, 王东黎, 张本革, 等. 预应力钢筒混凝土管阴极保护技术应用介绍 [J]. 南水北调与水利科技, 2008 (1): 303-307.

[23] 郭永峰, 杨进新, 王东黎. 南水北调中线工程 PCCP 管道阴极保护防腐技术探讨 [J]. 特种结构,

2009 (2)：109-113.

[24] 张彩秀．预应力钢筒混凝土管（PCCP）的有限元分析［D］．天津：天津大学，2006.

[25] 吴坤占．PCCP管道结构有限元分析研究［D］．西安：西安理工大学，2008.

[26] 王栋．万家寨引黄工程北干线水力过渡过程数值模拟研究［D］．太原：太原理工大学，2010.

[27] 彭寿海．超大口径预应力钢筒混凝土管（PCCP）结构分析［D］．北京：清华大学，2009.

[28] Mehdi S. Zarghamee，Rasko P. Ojdrovic，M，ASCE，and William R. Dana. Life Member，ASCE，Coaying Delamination by Radial Tension in Prestressed Concrete Pipe. Ⅱ：Analysis，Pipelines，ASCE，2720-2732.

[29] Mehdi S. Zarghamee F. ASCE，Daniel W. Eggers，A. M. ASCE，and Rasko P. Ojdrovic，M. ASCE. Finite-Element Modeling of Failure of PCCP with Broken Wires Subjected to Combined Loads，Pipelines，ASCE，2002：1-17.

[30] Youssef Georges Diab and Thomas Bonierbale，A Numerical Modeling and a Proposal for Rehabilitation of PCCP's，Pipelines，ASCE，2004：1-8.

[31] Hamid R. Lotfi，Ralph G. Oesterle，and John Roller. Reliability Assessment of Distressed Prestressed Concrete Cylinder Pipe，Pipe lines，ASCE，2005：838-852.

[32] Diab Y G，Bonierbale T. A Numerical Modeling and a Proposal for Rehabilitation of PCCP'S，Cstronovo J P. Pipelines 2001：Advances in Pipelines Engineering &Construction. San Diego，California：ASCE，2001.

[33] American Water Works Association. Design of Prestressed Concrete Cylinder Pipe，ANSI /AWWA C301-99.

[34] Paris J M. Stress Coefficients for Large Horizontal Pipes. Engineering New Record，1921.

[35] 张社荣，张彩秀，顾辉．预应力钢筒混凝土管（PCCP）设计方法探讨［J］．水利水电技术，2005（4）：53-55.

[36] 王东黎，郑征宇，胡少伟，等．超大口径PCCP管道结构安全与质量控制研究［J］．南水北调与水利科技，2009（6）：26-31.

[37] 胡少伟，沈捷，王东黎，等．超大口径预存裂缝的预应力钢筒混凝土管结构分析与试验研究［J］．水利学报，2010（7）：876-882.

[38] 熊欢．南水北调超大口径PCCP预应力分析模型与试验研究［D］．北京：清华大学，2010.

[39] 孙绍平，萧岩，王光明．PCCP保护层应力分析［J］．特种结构，2005，22（3）：62-64.

[40] 杨进新，忽惠卿，王东黎．南水北调中线PCCP管道工程安全监测方案研究［J］．水利水电技术，2009（7）：55-61.

[41] 折学森．填埋式管道垂直土压力的计算［J］．西北建筑工程学院学报，1993（1）：28-35.

[42] 瞿小莉．大直径圆通结构土压力研究［D］．大连：大连理工大学，2005.

[43] American Water Works Association. Concrete Pressure Pipe. AWWA Manual M9-1995.

[44] 上海市政工程设计院等．给排水工程设计手册［M］．北京：中国建筑工业出版社，1987.

[45] 混凝土结构设计规范：GB 50010—2002［S］．北京：中国建筑工业出版社，2002.

[46] 给水排水工程管道结构设计规范：GB 50332—2002［S］．北京：中国建筑工业出版社，2002.

[47] Olander，H. C. Stress Analysis of Concrete Pipe. Engineering Monograph. No. 6 October. US Bureau of Reclamation，Denver，Colo. 1950.

[48] 王克法，卢景超．大直径预应力混凝土压力管的应力分析［J］．土木工程学报，1984，17（2）：69-74.

[49] 唐永进．压力管道应力分析［M］．北京：中国石化出版社，2003.

[50] 给水排水管道工程施工及验收规范：GB 50268—1997［S］．北京：中国建筑工业出版社，1997.

[51] 李晓克．预应力混凝土压力管道受力性能与计算方法的研究［D］．大连：大连理工大学，2003.

[52] 董哲仁．钢衬钢筋混凝土压力管道设计与非线性分析［M］．北京：中国水利水电出版社，1998.

[53] Scali M J，Scheiner P，Aquino W. Analysis and Performance of PCCP mortar coating//Najafi M. Pipelines 2003：New Pipeline Technologies，Security，and Safety. Baltimore，Mary land：ASCE，2003：972 - 982.

[54] 张许平，贺红效，张学文.PCCP 管道沿线环境的侵蚀性分析 [J]. 山西水利科技，2004（4）：71 - 75.

[55] 陈湧城，温晓英，李世龙，等. 大口径 PCCP 管应用的关键技术问题解析 [J]. 中国给水排水，2012（8）：1 - 5.

[56] 李桂青. 抗震结构计算理论和方法 [M]. 北京：地震出版社，1985.

[57] 潘昌实. 隧道地震灾害综述 [J]. 隧道及地下工程，1990，11（2）：1 - 9.

[58] 陈寿梁. 建国以来我国抗震工作的发展与回顾 [J]. 世界地震工程，1986（2）：1 - 6.

[59] 建筑抗震设计规范：GB 50011—2001 [S]. 北京：中国标准出版社，2001，42 - 43.

[60] 铁路工程抗震设计规范：GB 50111—2006 [S]. 北京：中国标准出版社，2006，13 - 14.

[61] 龙驭球. 弹性地基梁的计算 [M]. 北京：人民教育出版社，1981，123 - 126.

[62] 梁建文. 地下管线地抗震研究综述 [J]. 世界地震工程，1995，11（4）：1 - 7.

[63] 于祥，陈启亮，赵跃堂，等. 地下结构抗震研究方法及其现状 [J]. 解放军理工大学学报，2000，1（5）：64 - 67.

[64] 王瑞民，罗奇峰. 阪神地震中地下结构和隧道的破坏现象浅析 [J]. 灾害学，1998，13（2）：63 - 66.

[65] 徐文焕. 地下结构抗震分析中若干问题的探讨 [J]. 西南交通大学学报，1993，91（3）：1 - 5.

[66] 梁建文. 地下管线地震反应和稳定性研究述评 [J]. 天津大学学报，1995，29（3）：427 - 432.

[67] 赵成刚，冯启民. 生命线地震工程 [M]. 北京：地震出版社，1994.

[68] Datta S K, Shah A H, Ei - Akily N. Dynamic behavior of buried pipe in a seismic environment [J]. Journal of Applied Mechanics，1982，49（1）：141 - 149.

[69] H. Yun and S. Kynakides, Model for beam - mode buckling of buried pipelines [J]. Engineering Mechanics，Vol. 111，No. 2，ASCE，1985，79 - 86.

[70] 谢旭，何玉敖. 埋设管线穿过不同介质时的地震反应研究 [J]. 宁波大学学报，1988，2（1），121 - 133.

[71] 王海波，林皋. 半无限弹性介质中管线地震反应分析 [J]. 土木工程学报，1987，20（3）：80 - 91.

[72] 甘文水，侯忠良. 地震行波作用下埋设管线的反应计算 [J]. 地震工程与工程振动，1988，8（2）：79 - 86.

[73] Liang J W and He Y A. Dynamic stability of buried pipelines [J]. Asian Pacific Conference On Computational Mechanics，Hong Kong，1991（9）：11 - 13.

[74] 郭恩栋，冯启民. 跨断层埋地钢管抗震计算方法研究 [J]. 地震工程与工程振动，1999，19（4）：43 - 47.

[75] 孙建刚，薛景宏，王振. 地下输液管道动力反应分析 [J]. 地震工程与工程振动，2000，20（3）：87 - 92.

[76] 冯启民，赵林. 跨越断层埋地管道屈曲分析 [J]. 地震工程与工程振动，2001，21（4）：80 - 87.

[77] 李彬. 地铁地下结构抗震理论分析与应用研究 [D]. 北京：清华大学，2005.

[78] Anil K Chopra. Dynamics of Structures：Theory and Applications to Earthquake Engineering（3rd Edition）[M]. Beijing：Tsinghua University Pub，2009.

[79] 禹海涛，袁勇，等. 反应位移法在复杂地下结构抗震中的应用 [J]. 地下空间与工程学，2011（7）：857 - 862.

[80] 王文晖. 地下结构实用抗震分析方法及性能指标研究 [D]. 北京：清华大学，2013.

[81] ［日］高田至郎. 地下生命线的耐震设计 [J]. 隧道译丛，1991（7）：44 - 51.

[82] AICHE. Guidelines for Hazard Evaluation Procedures [G]. New York：American Institute of Chemi-

cal Enigineers, Center for Chemical Process Safety, 1985.

[83] Muhlbauer W K. Pipeline Risk Management Manual [M]. Texas, Houston: Gulf Publishing Company, 1992.

[84] 张华兵. 基于失效库的在役天然气长输水管道定量风险评价技术研究 [D]. 北京: 中国地质大学, 2013.

[85] 刘志强, 长距离输水管道安全评价机制研究 [D]. 哈尔滨: 哈尔滨工业大学, 2012.

[86] 姚安林, 刘艳华, 李又绿, 等. 国内外油气管道完整性管理技术比对研究 [J]. 石油工业技术监督, 2008 (3): 5-12.

[87] 易云兵, 姚安林, 姚林, 等. 油气管道风险评价技术概述 [J]. 天然气与石油, 2005 (3): 16-19.

[88] 马维平. 长输气管道风险评价技术理论研究 [D]. 西安: 西安建筑科技大学, 2007.

[89] 吴小虎. 西安城市供水管网系统运行安全评价方法初探 [D]. 西安: 西安建筑科技大学, 2007.

[90] 余鹏钧. 南方某市供水管网健康评价指标体系及模型构建研究 [D]. 广州: 广东工业大学, 2013.

[91] 刘承根. 宝鸡—汉中天然气管道工程安全预评价研究 [D]. 西安: 西安石油大学, 2011.

附录：矩阵计算数据汇总

附表 1.1

概率准则下一级指标未加权矩阵

概率准则		1 设计指标		2 误操作指标				3 腐蚀指标		
		1.1 管道安全系数	1.2 系统安全系数	2.1 设计误操作	2.2 施工误操作	2.3 运行误操作	2.4 维护误操作	3.1 外腐蚀	3.2 内腐蚀	3.3 应力腐蚀
1 设计指标	1.1 管道安全系数	0.5	0.5	0.5	0	0	0	0	0	0
	1.2 系统安全系数	0.5	0.5	0.5	0	0	0	0	0	1
2 误操作指标	2.1 设计误操作	0	0	0.562369	0	0	0	0	0	0
	2.2 施工误操作	0.428571	0.428571	0.159431	0.648329	0.443316	0.25	1	0	1
	2.3 运行误操作	0.428571	0.428571	0.177809	0.229651	0.387479	0.25	0	0	0
	2.4 维护误操作	0.142857	0.142857	0.100391	0.12202	0.169205	0.5	0	0	0
3 腐蚀指标	3.1 外腐蚀	0	0	0.199997	0.666667	0	0	0.249981	0	0.2
	3.2 内腐蚀	0	0	0.199991	0	0	0	0	1	0.2
	3.3 应力腐蚀	0	1	0.600012	0.333333	0	0	0.750019	0	0.6
4 第三方破坏指标	4.1 活动频繁度	0	0	0	0	0	0	0	0	0
	4.2 安全预警度	0.249981	0.75	0	0.24931	0	0	0	0	0
	4.3 管道保护度	0.750019	0.25	0	0.593634	0	0	0	0	0
	4.4 管道巡视度	0	0	0	0.157056	0	0	0	0	0
5 自然指标	5.1 溃堤与洪水	0.3	0	0	0.199832	0	0	0	0	0
	5.2 河水冲积	0.1	0	0	0.078091	0	0	0	0	0
	5.3 滑坡与泥石流	0.3	0	0	0.199832	0	0	0	0	0
	5.4 地质坍塌	0.3	0	0	0.522245	0	0	0	0	0

概率准则		4 第三方破坏指标				5 自然指标			
		4.1 活动频繁度	4.2 安全预警度	4.3 管道保护度	4.4 管道巡视度	5.1 溃堤与洪水	5.2 河水冲积	5.3 滑坡与泥石流	5.4 地质坍塌
1 设计指标	1.1 管道安全系数	0	0	0	0	0	0	0	0
	1.2 系统安全系数	0	0	0	0	0	0	0	0
2 误操作指标	2.1 设计误操作	0	0	0	0	0	0	0	0
	2.2 施工误操作	0.648329	0	0	0	0	0	0	0
	2.3 运行误操作	0.229651	0	0	0	0	0	0	0
	2.4 维护误操作	0.12202	0	0	0	0	0	0	0
3 腐蚀指标	3.1 外腐蚀	0	0	0	0	0.249981	0.75	0.249981	0.166667
	3.2 内腐蚀	0	0	0	0	0	0	0	0
	3.3 应力腐蚀	0	0	0	0	0.750019	0.25	0.750019	0.833333
4 第三方破坏指标	4.1 活动频繁度	0.091385	0.367895	0.473788	0.471419	0	0	0	0
	4.2 安全预警度	0.376125	0.367895	0.140465	0.105837	0	0	0	0
	4.3 管道保护度	0.370907	0.16864	0.299355	0.248288	0	0	0	0
	4.4 管道巡视度	0.161583	0.09557	0.086392	0.174457	0	0	0	0
5 自然指标	5.1 溃堤与洪水	0.253547	0.207113	0.207113	0.196181	0.110154	0.299998	0.185283	0.180715
	5.2 河水冲积	0.061338	0.079745	0.079745	0.072308	0.057499	0.099997	0.071397	0.075075
	5.3 滑坡与泥石流	0.253547	0.22719	0.22719	0.213918	0.388812	0.299999	0.388404	0.269734
	5.4 地质坍塌	0.431568	0.485952	0.485952	0.517592	0.443535	0.300006	0.354916	0.474475

附表 1.2　损失准则下一级指标未加权矩阵

损失准则		1 设计指标		2 误操作指标				3 腐蚀指标		
		1.1 管道安全系数	1.2 系统安全系数	2.1 设计误操作	2.2 施工误操作	2.3 运行误操作	2.4 维护误操作	3.1 外腐蚀	3.2 内腐蚀	3.3 应力腐蚀
1 设计指标	1.1 管道安全系数	0.5	0.5	0.5	0	0	0	0	0	0
	1.2 系统安全系数	0.5	0.5	0.5	0	0	0	0	0	1
2 误操作指标	2.1 设计误操作	0	0	0.562369	0	0	0	0	0	0
	2.2 施工误操作	0.625013	0.558425	0.159431	0.625013	0.443316	0.25	1	0	1
	2.3 运行误操作	0.238487	0.319618	0.177809	0.238487	0.387479	0.25	0	0	0
	2.4 维护误操作	0.1365	0.121957	0.100391	0.1365	0.169205	0.5	0	0	0
3 腐蚀指标	3.1 外腐蚀	0	0	0.25	0.333333	0	0	0.249981	0	0.2
	3.2 内腐蚀	0	0	0.25	0	0	0	0	1	0.2
	3.3 应力腐蚀	0	1	0.5	0.666667	0	0	0.750019	0	0.6
4 第三方破坏指标	4.1 活动频繁度	0	0	0	0	0	0	0	0	0
	4.2 安全预警度	0.5	0.666667	0	0.249299	0	0	0	0	0
	4.3 管道保护度	0.5	0.333333	0	0.593647	0	0	0	0	0
	4.4 管道巡视度	0	0	0	0.157054	0	0	0	0	0
5 自然指标	5.1 溃堤与洪水	0.272132	0	0	0.199832	0	0	0	0	0
	5.2 河水冲积	0.069755	0	0	0.078091	0	0	0	0	0
	5.3 滑坡与泥石流	0.23867	0	0	0.199832	0	0	0	0	0
	5.4 地质坍塌	0.419443	0	0	0.522245	0	0	0	0	0

损失准则		4 第三方破坏指标				5 自然指标			
		4.1 活动频繁度	4.2 安全预警度	4.3 管道保护度	4.4 管道巡视度	5.1 溃堤与洪水	5.2 河水冲积	5.3 滑坡与泥石流	5.4 地质坍塌
1 设计指标	1.1 管道安全系数	0	0	0	0	0	0	0	0
	1.2 系统安全系数	0	0	0	0	0	0	0	0
2 误操作指标	2.1 设计误操作	0	0	0	0	0	0	0	0
	2.2 施工误操作	0.648329	0	0	0	0	0	0	0
	2.3 运行误操作	0.229651	0	0	0	0	0	0	0
	2.4 维护误操作	0.12202	0	0	0	0	0	0	0
3 腐蚀指标	3.1 外腐蚀	0	0	0	0	0.249981	0.75	0.249981	0.166667
	3.2 内腐蚀	0	0	0	0	0	0	0	0
	3.3 应力腐蚀	0	0	0	0	0.750019	0.25	0.750019	0.833333
4 第三方破坏指标	4.1 活动频繁度	0.091385	0.367895	0.473788	0.471419	0	0	0	0
	4.2 安全预警度	0.376125	0.367895	0.140465	0.105837	0	0	0	0
	4.3 管道保护度	0.370907	0.16864	0.299355	0.248288	0	0	0	0
	4.4 管道巡视度	0.161583	0.09557	0.086392	0.174457	0	0	0	0
5 自然指标	5.1 溃堤与洪水	0.253547	0.207113	0.207113	0.196181	0.110154	0.299998	0.185283	0.180715
	5.2 河水冲积	0.061338	0.079745	0.079745	0.072308	0.057499	0.099997	0.071397	0.075075
	5.3 滑坡与泥石流	0.253547	0.22719	0.22719	0.213918	0.388812	0.299999	0.388404	0.269734
	5.4 地质坍塌	0.431568	0.485952	0.485952	0.517592	0.443535	0.300006	0.354916	0.474475

附表 1.3　　概率准则下加权矩阵

概率准则	1 设计指标		2 误操作指标				3 腐蚀指标		
	1.1 管道安全系数	1.2 系统安全系数	2.1 设计误操作	2.2 施工误操作	2.3 运行误操作	2.4 维护误操作	3.1 外腐蚀	3.2 内腐蚀	3.3 应力腐蚀
1 设计指标 1.1 管道安全系数	0.246561	0.2414	0.296931	0	0	0	0	0	0
1.2 系统安全系数	0.246561	0.2414	0.296931	0	0	0	0	0	0.648329
2 误操作指标 2.1 设计误操作	0	0	0.178025	0	0	0	0	0	0
2.2 施工误操作	0.072919	0.071393	0.05047	0.223081	0.443316	0.25	0.653027	0	0.229651
2.3 运行误操作	0.072919	0.071393	0.056288	0.07902	0.387479	0.25	0	0	0
2.4 维护误操作	0.024306	0.023798	0.03178	0.041985	0.169205	0.5	0	0	0
3 腐蚀指标 3.1 外腐蚀	0	0	0.017915	0.064909	0	0	0.086737	0	0.024404
3.2 内腐蚀	0	0	0.017914	0	0	0	0	1	0.024404
3.3 应力腐蚀	0	0.087419	0.053746	0.032454	0	0	0.260236	0	0.073212
4 第三方破坏指标 4.1 活动频繁度	0	0	0	0	0	0	0	0	0
4.2 安全预警度	0.067201	0.197399	0	0.086306	0	0	0	0	0
4.3 管道保护度	0.201624	0.0658	0	0.205503	0	0	0	0	0
4.4 管道巡视度	0	0	0	0.054369	0	0	0	0	0
5 自然指标 5.1 溃堤与洪水	0.020373	0	0	0.042439	0	0	0	0	0
5.2 河水冲积	0.006791	0	0	0.016584	0	0	0	0	0
5.3 滑坡与泥石流	0.020373	0	0	0.042439	0	0	0	0	0
5.4 地质坍塌	0.020373	0	0	0.110911	0	0	0	0	0

概率准则		4 第三方破坏指标				5 自然指标			
		4.1 活动频繁度	4.2 安全预警度	4.3 管道保护度	4.4 管道巡视度	5.1 溃堤与洪水	5.2 河水冲积	5.3 滑坡与泥石流	5.4 地质坍塌
1 设计指标	1.1 管道安全系数	0	0	0	0	0	0	0	0
	1.2 系统安全系数	0	0	0	0	0	0	0	0
2 误操作指标	2.1 设计误操作	0	0	0	0	0	0	0	0
	2.2 施工误操作	0.287415	0	0	0	0	0	0	0
	2.3 运行误操作	0.101808	0	0	0	0	0	0	0
	2.4 维护误操作	0.054094	0	0	0	0	0	0	0
3 腐蚀指标	3.1 外腐蚀	0	0	0	0	0.166654	0.5	0.166654	0.111111
	3.2 内腐蚀	0	0	0	0	0	0	0	0
	3.3 应力腐蚀	0	0	0	0	0.500013	0.166667	0.500013	0.555556
4 第三方破坏指标	4.1 活动频繁度	0.03541	0.256073	0.329779	0.32813	0	0	0	0
	4.2 安全预警度	0.14574	0.256073	0.097771	0.073668	0	0	0	0
	4.3 管道保护度	0.143719	0.117382	0.208366	0.17282	0	0	0	0
	4.4 管道巡视度	0.06261	0.066522	0.060133	0.12143	0	0	0	0
5 自然指标	5.1 溃堤与洪水	0.042901	0.062952	0.062952	0.059629	0.036718	0.099999	0.061761	0.060238
	5.2 河水冲积	0.010379	0.024239	0.024239	0.021978	0.019166	0.033332	0.023799	0.025025
	5.3 滑坡与泥石流	0.042901	0.069055	0.069055	0.065021	0.129604	0.1	0.129468	0.089911
	5.4 地质坍塌	0.073023	0.147706	0.147706	0.157323	0.147845	0.100002	0.118305	0.158158

附表 1.4

损失准则下加权矩阵

损失准则	1 设计指标		2 误操作指标				3 腐蚀指标		
	1.1 管道安全系数	1.2 系统安全系数	2.1 设计误操作	2.2 施工误操作	2.3 运行误操作	2.4 维护误操作	3.1 外腐蚀	3.2 内腐蚀	3.3 应力腐蚀
1 设计指标 1.1 管道安全系数	0.099564	0.167671	0.267609	0	0	0	0	0	0
1.2 系统安全系数	0.099564	0.167671	0.267609	0	0	0	0	0	0.648329
2 误操作指标 2.1 设计误操作	0	0	0.174663	0	0	0	0	0	0
2.2 施工误操作	0.062644	0.094256	0.049517	0.085785	0.443316	0.25	0.653027	0	0.229651
2.3 运行误操作	0.023903	0.053948	0.055225	0.032733	0.387479	0.25	0	0	0
2.4 维护误操作	0.013681	0.020585	0.03118	0.018735	0.169205	0.5	0	0	0
3 腐蚀指标 3.1 外腐蚀	0	0	0.038549	0.022714	0	0	0.086737	0	0.024404
3.2 内腐蚀	0	0	0.038549	0	0	0	0	1	0.024404
3.3 应力腐蚀	0	0.095759	0.077099	0.045429	0	0	0.260236	0	0.073212
4 第三方破坏指标 4.1 活动频繁度	0	0	0	0	0	0	0	0	0
4.2 安全预警度	0.118794	0.26674	0	0.076842	0	0	0	0	0
4.3 管道保护度	0.118794	0.13337	0	0.182981	0	0	0	0	0
4.4 管道巡视度	0	0	0	0.048409	0	0	0	0	0
5 自然指标 5.1 溃堤与洪水	0.126012	0	0	0.097193	0	0	0	0	0
5.2 河水冲积	0.032301	0	0	0.037981	0	0	0	0	0
5.3 滑坡与泥石流	0.110517	0	0	0.097193	0	0	0	0	0
5.4 地质坍塌	0.194226	0	0	0.254005	0	0	0	0	0

损失准则		4 第三方破坏指标				5 自然指标			
		4.1 活动频繁度	4.2 安全预警度	4.3 管道保护度	4.4 管道巡视度	5.1 溃堤与洪水	5.2 河水冲积	5.3 滑坡与泥石流	5.4 地质坍塌
1 设计指标	1.1 管道安全系数	0	0	0	0	0	0	0	0
	1.2 系统安全系数	0	0	0	0	0	0	0	0
2 误操作指标	2.1 设计误操作	0	0	0	0	0	0	0	0
	2.2 施工误操作	0.129666	0	0	0	0	0	0	0
	2.3 运行误操作	0.04593	0	0	0	0	0	0	0
	2.4 维护误操作	0.024404	0	0	0	0	0	0	0
3 腐蚀指标	3.1 外腐蚀	0	0	0	0	0.049996	0.15	0.049996	0.033333
	3.2 内腐蚀	0	0	0	0	0	0	0	0
	3.3 应力腐蚀	0	0	0	0	0.150004	0.05	0.150004	0.166667
4 第三方破坏指标	4.1 活动频繁度	0.036554	0.183947	0.236894	0.235709	0	0	0	0
	4.2 安全预警度	0.15045	0.183947	0.070233	0.052918	0	0	0	0
	4.3 管道保护度	0.148363	0.08432	0.149678	0.124144	0	0	0	0
	4.4 管道巡视度	0.064633	0.047785	0.043196	0.087228	0	0	0	0
5 自然指标	5.1 溃堤与洪水	0.101419	0.103556	0.103556	0.09809	0.088123	0.239999	0.148226	0.144572
	5.2 河水冲积	0.024535	0.039873	0.039873	0.036154	0.045999	0.079998	0.057118	0.06006
	5.3 滑坡与泥石流	0.101419	0.113595	0.113595	0.106959	0.31105	0.239999	0.310723	0.215787
	5.4 地质坍塌	0.172627	0.242976	0.242976	0.258796	0.354828	0.240005	0.283932	0.37958

附表 1.5

概率准则下极限超矩阵

概率准则		1 设计指标		2 误操作指标				3 腐蚀指标		
		1.1 管道安全系数	1.2 系统安全系数	2.1 设计误操作	2.2 施工误操作	2.3 运行误操作	2.4 维护误操作	3.1 外腐蚀	3.2 内腐蚀	3.3 应力腐蚀
1 设计指标	1.1 管道安全系数	0.046170	0.046170	0.046170	0.046170	0.046170	0.046170	0.046170	0.046170	0.046170
	1.2 系统安全系数	0.084307	0.084307	0.084307	0.084307	0.084307	0.084307	0.084307	0.084307	0.084307
2 误操作指标	2.1 设计误操作	0.010472	0.010472	0.010472	0.010472	0.010472	0.010472	0.010472	0.010472	0.010472
	2.2 施工误操作	0.134192	0.134192	0.134192	0.134192	0.134192	0.134192	0.134192	0.134192	0.134192
	2.3 运行误操作	0.059936	0.059936	0.059936	0.059936	0.059936	0.059936	0.059936	0.059936	0.059936
	2.4 维护误操作	0.049716	0.049716	0.049716	0.049716	0.049716	0.049716	0.049716	0.049716	0.049716
3 腐蚀指标	3.1 外腐蚀	0.066964	0.066964	0.066964	0.066964	0.066964	0.066964	0.066964	0.066964	0.066964
	3.2 内腐蚀	0.061313	0.061313	0.061313	0.061313	0.061313	0.061313	0.061313	0.061313	0.061313
	3.3 应力腐蚀	0.131136	0.131136	0.131136	0.131136	0.131136	0.131136	0.131136	0.131136	0.131136
4 第三方破坏指标	4.1 活动频繁度	0.055847	0.055847	0.055847	0.055847	0.055847	0.055847	0.055847	0.055847	0.055847
	4.2 安全预警度	0.054362	0.054362	0.054362	0.054362	0.054362	0.054362	0.054362	0.054362	0.054362
	4.3 管道保护度	0.065601	0.065601	0.065601	0.065601	0.065601	0.065601	0.065601	0.065601	0.065601
	4.4 管道巡视度	0.021474	0.021474	0.021474	0.021474	0.021474	0.021474	0.021474	0.021474	0.021474
5 自然指标	5.1 溃堤与洪水	0.032351	0.032351	0.032351	0.032351	0.032351	0.032351	0.032351	0.032351	0.032351
	5.2 河水冲积	0.012090	0.012090	0.012090	0.012090	0.012090	0.012090	0.012090	0.012090	0.012090
	5.3 滑坡与泥石流	0.044578	0.044578	0.044578	0.044578	0.044578	0.044578	0.044578	0.044578	0.044578
	5.4 地质坍塌	0.069491	0.069491	0.069491	0.069491	0.069491	0.069491	0.069491	0.069491	0.069491

概率准则		4 第三方破坏指标				5 自然指标			
		4.1 活动频繁度	4.2 安全预警度	4.3 管道保护度	4.4 管道巡视度	5.1 溃堤与洪水	5.2 河水冲积	5.3 滑坡与泥石流	5.4 地质坍塌
1 设计指标	1.1 管道安全系数	0.046170	0.046170	0.046170	0.046170	0.046170	0.046170	0.046170	0.046170
	1.2 系统安全系数	0.084307	0.084307	0.084307	0.084307	0.084307	0.084307	0.084307	0.084307
2 误操作指标	2.1 设计误操作	0.010472	0.010472	0.010472	0.010472	0.010472	0.010472	0.010472	0.010472
	2.2 施工误操作	0.134192	0.134192	0.134192	0.134192	0.134192	0.134192	0.134192	0.134192
	2.3 运行误操作	0.059936	0.059936	0.059936	0.059936	0.059936	0.059936	0.059936	0.059936
	2.4 维护误操作	0.049716	0.049716	0.049716	0.049716	0.049716	0.049716	0.049716	0.049716
3 腐蚀指标	3.1 外腐蚀	0.066964	0.066964	0.066964	0.066964	0.066964	0.066964	0.066964	0.066964
	3.2 内腐蚀	0.061313	0.061313	0.061313	0.061313	0.061313	0.061313	0.061313	0.061313
	3.3 应力腐蚀	0.131136	0.131136	0.131136	0.131136	0.131136	0.131136	0.131136	0.131136
4 第三方破坏指标	4.1 活动频繁度	0.055847	0.055847	0.055847	0.055847	0.055847	0.055847	0.055847	0.055847
	4.2 安全预警度	0.054362	0.054362	0.054362	0.054362	0.054362	0.054362	0.054362	0.054362
	4.3 管道保护度	0.065601	0.065601	0.065601	0.065601	0.065601	0.065601	0.065601	0.065601
	4.4 管道巡视度	0.021474	0.021474	0.021474	0.021474	0.021474	0.021474	0.021474	0.021474
5 自然指标	5.1 溃堤与洪水	0.032351	0.032351	0.032351	0.032351	0.032351	0.032351	0.032351	0.032351
	5.2 河水冲积	0.012090	0.012090	0.012090	0.012090	0.012090	0.012090	0.012090	0.012090
	5.3 滑坡与泥石流	0.044578	0.044578	0.044578	0.044578	0.044578	0.044578	0.044578	0.044578
	5.4 地质坍塌	0.069491	0.069491	0.069491	0.069491	0.069491	0.069491	0.069491	0.069491

附表 1.6　损失准则下极限超矩阵

损失准则		1 设计指标		2 误操作指标				3 腐蚀指标		
		1.1 管道安全系数	1.2 系统安全系数	2.1 设计误操作	2.2 施工误操作	2.3 运行误操作	2.4 维护误操作	3.1 外腐蚀	3.2 内腐蚀	3.3 应力腐蚀
1 设计指标	1.1 管道安全系数	0.031461	0.031461	0.031461	0.031461	0.031461	0.031461	0.031461	0.031461	0.031461
	1.2 系统安全系数	0.069598	0.069598	0.069598	0.069598	0.069598	0.069598	0.069598	0.069598	0.069598
2 误操作指标	2.1 设计误操作	0.010274	0.010274	0.010274	0.010274	0.010274	0.010274	0.010274	0.010274	0.010274
	2.2 施工误操作	0.117521	0.117521	0.117521	0.117521	0.117521	0.117521	0.117521	0.117521	0.117521
	2.3 运行误操作	0.049954	0.049954	0.049954	0.049954	0.049954	0.049954	0.049954	0.049954	0.049954
	2.4 维护误操作	0.045752	0.045752	0.045752	0.045752	0.045752	0.045752	0.045752	0.045752	0.045752
3 腐蚀指标	3.1 外腐蚀	0.026808	0.026808	0.026808	0.026808	0.026808	0.026808	0.026808	0.026808	0.026808
	3.2 内腐蚀	0.062527	0.062527	0.062527	0.062527	0.062527	0.062527	0.062527	0.062527	0.062527
	3.3 应力腐蚀	0.062848	0.062848	0.062848	0.062848	0.062848	0.062848	0.062848	0.062848	0.062848
4 第三方破坏指标	4.1 活动频繁度	0.040771	0.040771	0.040771	0.040771	0.040771	0.040771	0.040771	0.040771	0.040771
	4.2 安全预警度	0.054113	0.054113	0.054113	0.054113	0.054113	0.054113	0.054113	0.054113	0.054113
	4.3 管道保护度	0.055391	0.055391	0.055391	0.055391	0.055391	0.055391	0.055391	0.055391	0.055391
	4.4 管道巡视度	0.017113	0.017113	0.017113	0.017113	0.017113	0.017113	0.017113	0.017113	0.017113
5 自然指标	5.1 溃堤与洪水	0.073573	0.073573	0.073573	0.073573	0.073573	0.073573	0.073573	0.073573	0.073573
	5.2 河水冲积	0.026699	0.026699	0.026699	0.026699	0.026699	0.026699	0.026699	0.026699	0.026699
	5.3 滑坡与泥石流	0.101226	0.101226	0.101226	0.101226	0.101226	0.101226	0.101226	0.101226	0.101226
	5.4 地质坍塌	0.154350	0.154350	0.154350	0.154350	0.154350	0.154350	0.154350	0.154350	0.154350

损失准则		4 第三方破坏指标				5 自然指标			
		4.1 活动频繁度	4.2 安全预警度	4.3 管道保护度	4.4 管道巡视度	5.1 溃堤与洪水	5.2 河水冲积	5.3 滑坡与泥石流	5.4 地质坍塌
1 设计指标	1.1 管道安全系数	0.031461	0.031461	0.031461	0.031461	0.031461	0.031461	0.031461	0.031461
	1.2 系统安全系数	0.069598	0.069598	0.069598	0.069598	0.069598	0.069598	0.069598	0.069598
2 误操作指标	2.1 设计误操作	0.010274	0.010274	0.010274	0.010274	0.010274	0.010274	0.010274	0.010274
	2.2 施工误操作	0.117521	0.117521	0.117521	0.117521	0.117521	0.117521	0.117521	0.117521
	2.3 运行误操作	0.049954	0.049954	0.049954	0.049954	0.049954	0.049954	0.049954	0.049954
	2.4 维护误操作	0.045752	0.045752	0.045752	0.045752	0.045752	0.045752	0.045752	0.045752
3 腐蚀指标	3.1 外腐蚀	0.026808	0.026808	0.026808	0.026808	0.026808	0.026808	0.026808	0.026808
	3.2 内腐蚀	0.062527	0.062527	0.062527	0.062527	0.062527	0.062527	0.062527	0.062527
	3.3 应力腐蚀	0.062848	0.062848	0.062848	0.062848	0.062848	0.062848	0.062848	0.062848
4 第三方破坏指标	4.1 活动频繁度	0.040771	0.040771	0.040771	0.040771	0.040771	0.040771	0.040771	0.040771
	4.2 安全预警度	0.054113	0.054113	0.054113	0.054113	0.054113	0.054113	0.054113	0.054113
	4.3 管道保护度	0.055391	0.055391	0.055391	0.055391	0.055391	0.055391	0.055391	0.055391
	4.4 管道巡视度	0.017113	0.017113	0.017113	0.017113	0.017113	0.017113	0.017113	0.017113
5 自然指标	5.1 溃堤与洪水	0.073573	0.073573	0.073573	0.073573	0.073573	0.073573	0.073573	0.073573
	5.2 河水冲积	0.026699	0.026699	0.026699	0.026699	0.026699	0.026699	0.026699	0.026699
	5.3 滑坡与泥石流	0.101226	0.101226	0.101226	0.101226	0.101226	0.101226	0.101226	0.101226
	5.4 地质坍塌	0.154350	0.154350	0.154350	0.154350	0.154350	0.154350	0.154350	0.154350